# 马克思主义生态文明视域下沙地生态治理研究

## ——以科尔沁沙地为例

舒心心　著

吉林大学出版社

·长　春·

**图书在版编目（CIP）数据**

马克思主义生态文明视域下沙地生态治理研究 ：以科尔沁沙地为例 / 舒心心著. -- 长春 ：吉林大学出版社, 2020.10

ISBN 978-7-5692-7332-8

Ⅰ. ①马… Ⅱ. ①舒… Ⅲ. ①沙漠治理－研究－内蒙古 Ⅳ. ①S156.5

中国版本图书馆 CIP 数据核字(2020)第 201366 号

书　　名　马克思主义生态文明视域下沙地生态治理研究
　　　　　——以科尔沁沙地为例
　　　　　MAKESI ZHUYI SHENGTAI WENMING SHIYU XIA SHADI SHENGTAI ZHILI YANJIU
　　　　　——YI KE'ERQIN SHADI WEI LI

作　　者　舒心心　著
策划编辑　刘子贵
责任编辑　刘子贵
责任校对　安　斌
装帧设计　昌信图文
出版发行　吉林大学出版社
社　　址　长春市人民大街 4059 号
邮政编码　130021
发行电话　0431-89580028/29/21
网　　址　http://www.jlup.com.cn
电子邮箱　jdcbs@jlu.edu.cn
印　　刷　长春市昌信电脑图文制作有限公司
开　　本　787 毫米×1092 毫米　1/16
印　　张　13.5
字　　数　220 千字
版　　次　2021 年 7 月　第 1 版
印　　次　2021 年 7 月　第 1 次
书　　号　ISBN 978-7-5692-7332-8
定　　价　58.00 元

---

# 序 言

生态文明是以实现人与自然、社会与自然和谐共生为目标的新型文明形态，生态文明建设开启了人类文明发展的新阶段。党的十八大以来，以习近平同志为核心的党中央高度重视生态文明建设，特别是2019年党的十九届四中全会通过了《中共中央关于坚持和完善中国特色社会主义制度、推进国家治理体系和治理能力现代化若干重大问题的决定》，强调指出坚持和完善生态文明制度体系，促进人与自然和谐共生。

近代以来，内蒙古草原沙化日益严重，逐渐形成四大沙地：科尔沁、毛乌素、浑善达克及呼伦贝尔沙地，其中科尔沁沙地面积最大居于全国之首。科尔沁草原在历史上曾是河流众多、水草丰茂、牛羊成群的美丽富饶之地。但是从19世纪中后期开始，西辽河上游人口逐渐增多，人们为了生存盲目开垦土地、毁林开荒，导致水流遭到破坏，沙丘面积扩大，草原荒漠化和沙化的现象日趋严重。

以生态文明建设这一时代主题为研究背景，致力于科尔沁沙地具体生态治理实践的理论探究与对策选择是作者撰写本书的初心与使命。作为一名来自科尔沁的莘莘学子，作者对家乡的生态文明建设给予了深切的忧思与高度的关注。以马克思主义生态文明理论为基础，以习近平生态文明思想为指导，通过扬弃生态学马克思主义的生态危机理论，通过深入挖掘中国传统文化中蕴含的生态伦理思想，特别是深入研究作为科尔沁沙地长期生活居住的少数民族——蒙古族传统文化中的生态智慧，构建科尔沁沙地生态文明建设的理论依据，并结合翔实的历史资料、文献资料以及实地调查的现实资料，分析科尔沁沙地形成的历史沿革、生态治理面临的阻碍因素、现实困境、理论资源、经验借鉴，结合科尔沁沙地生态恢复的具体实践努力探寻实现其生态治理的有效对策。通过采取提升生态文明理念、转变政府职能、完善行政制度、健全法律体系、转变经济发展方式和生产经营方式、培育生态公民、引导绿色消费、倡导绿色生活方式、开展国际交流、加强区域合作等一系列具体方法，开展沙地生态治理，推进科尔沁沙地生态状况持续良性发展，再现天蓝、地绿、风轻、水净的美丽图景，实现既要发展经济又要保护环境的“双赢”之路。

习近平总书记高度重视内蒙古的长治久安和人民的幸福感，多次到内蒙古进行实地考察调研。2014 年春节前夕，习近平总书记视察内蒙古时明确提出，要把内蒙古建设成为我国北方重要的生态安全屏障，把内蒙古打造成祖国北疆亮丽风景线，是党中央新一代领导集体对内蒙古的新定位和新期望。2019 年 7 月 15—16 日，习近平总书记先后在赤峰市和呼和浩特市进行视察，听取牧民代表及自然环境厅的公职人员关于生态文明建设中日常护林工作和植树造林的进展情况汇报，充分肯定了内蒙古生态文明建设和造林护林工作的成就。

内蒙古草原生态恢复，对于建设祖国北疆安全稳定屏障和我国北方重要生态安全屏障，实现全面建成小康社会都具有重大的现实意义。科尔沁沙地面积居于全国四大沙地之首，治理难度极大，科尔沁草原生态环境既关系当地居民的日常生活，也关系周边省市的生态安全，更关乎国家整体安全观。进入新时代，科尔沁草原的生态恢复工作力度逐年增大、投入逐年增多，治理效果逐年显著增强，对内蒙古的生态治理和经济发展做出了重要贡献。在内蒙古草原生态恢复过程中，政府以农业供给侧结构性改革为主线，推出了一系列发展绿色农业牧业政策，既有利于草原生态恢复，又有利于国家级贫困县的贫困户稳步脱贫，在一定程度上对少数民族地区的长治久安起到了促进作用，有利于祖国北疆地区繁荣稳定，为决胜全面建成小康社会做出重要贡献。

中国在推进生态文明建设过程中，开辟了马克思主义人与自然关系崭新的理论和实践路径探索。习近平生态文明思想具有重要的理论意义和社会实践价值，是人与自然关系思想史上的伟大革命。2020 年 5 月 22 日，习近平总书记参加第十三届全国人民代表大会第三次会议内蒙古代表团审议时强调，内蒙古要保持加强生态文明建设的战略定力，要弘扬吃苦耐劳、一往无前的蒙古马精神，为内蒙古生态文明建设提供了新动力。内蒙古在草原生态恢复的实践过程中，以习近平生态文明思想为指导，对草原现状、存在问题进行了深入研究，并提出了相应的举措，积极探索草原沙化治理的理论支持和实践路径，坚持不懈、久久为功，切实做到了筑牢祖国北疆生态安全屏障，打造更加亮丽的北疆风景线。

穆艳杰

2020 年 5 月于长春

# 摘 要

生态文明是人类文明发展的新阶段，体现了时代精神的精华，代表着人类文明的前进方向。生态文明在扬弃以往各种文明的基础上，着力于推动人类文明发展的整体转型，以实现人与自然、社会与自然的和谐发展。人类社会在工业文明的推动下取得了巨大的发展和进步，但同时对人类生存的自然环境造成了极大的破坏，引发了一系列严重的生态环境问题。其中，土地荒漠化已经成为最受关注的社会、经济和环境问题，引起国际社会的高度重视。荒漠化蔓延所造成的生态环境恶化、自然生产力丧失、资源体系破坏和经济贫困化已成为21世纪人类面临的最大威胁，被称为地球的“癌症”。

科尔沁沙地荒漠化是生态失衡的恶劣结果，是由生态脆弱性和不合理的人类活动交织作用所导致的。自20世纪50年代以来，草原荒漠化进程加剧，致使曾经“地沃宜耕植，水草便畜牧”的科尔沁草原逐渐变为科尔沁沙地。当前，作为中国四大沙地之首的科尔沁沙地，面临着经济发展和环境保护的尖锐矛盾。如何解决二者之间的矛盾，探寻摆脱生态困境、谋求经济社会协调发展的新路径，是时代赋予的艰巨课题。在生态文明视域下，反思科尔沁沙地荒漠化过程，探究其成因，寻求实现其生态治理的有效路径，是本书研究的主要内容。在全面建成小康社会决胜阶段，对科尔沁沙地荒漠化防治进行研究，既能够保护环境，又能促进经济社会全面发展，对于构筑北方生态安全屏障、促进区域协调发展、实现美丽中国都具有重大现实意义。

本书的研究与写作，以马克思主义生态文明理论的分析为前提，以调查研究与实证分析为基础，以探索科尔沁沙地生态治理的具体对策为目标。通过深入挖掘马克思主义创始人马克思和恩格斯的生态思想，结合新中国成立以来中国共产党生态文明建设的理论主张，尤其是习近平生态文明建设思想，构建科尔沁沙地生态文明建设的理论基础。按照古为今用推陈出新的思想方法，有机地吸收中华优秀传统文化中的生态伦理思想，挖掘蒙古族传统生态文化中所蕴含的生态保护思想。在此基础上，借鉴西方发达国家生态治理和环境保护的成功经验，为构建科尔沁沙地生态文明寻求理论依据和有效途径。通过实地调查开展具体研究，深入了解科尔沁沙地生态恶化的现状，分析其生态危机产生的复杂原因以及开展生态治理面临的特殊困境，结合国内外生态环境治理与保护的丰富经验，进而提出科尔沁沙地生态文明构建的对策和建议，探寻实现科尔沁沙地生态恢复的具体路径。

本书由绪论和五章正文以及结语三个部分构成。其中，主体部分在第2至第4章，核心部分是第5章。结语部分对本书研究的基本观点和核心思想进行了总结和概括。

第1章绪论主要介绍了本研究的背景和意义，国内外研究现状和文献综述，研究的基本思路与方法，创新与不足之处。

第2章科尔沁沙地生态治理概述。结合科尔沁沙地自然环境状况及其荒漠化历程，分析了当前时代背景下科尔沁沙地生态治理的必要性和迫切性，探寻构建科尔沁沙地生态治理的理论依据。遵循一般和个别相统一、共性和个性相结合的方法论原则，将生态文明建设的一般理论与科尔沁沙地具体生态实践相结合，立足于马克思主义生态文明观的理论基础之上，以习近平生态文明思想为理论依据，合理吸收和借鉴中国传统文化包含的生态伦理思想和蒙古族传统文化中的生态智慧，构建科尔沁沙地生态文明建设的理论基础。

第3章科尔沁沙地生态治理问题及成因分析。进入21世纪，在党和国家高度重视和社会各界的共同努力下，科尔沁沙地生态治理初见成效，率先在全国四大沙地中实现治理速度大于破坏速度，有效遏制了荒漠化蔓延。但是在进一步推进生态治理过程中面临一系列严峻的问题，脆弱的生态环境、发展中的经济中心主义、法律不完善、制度不健全成为当地生态治理和环境保护的制约因素。为摆脱生态治理困境，从自然和社会两个方面结合观念、法制、心理、人口等多个视角探寻科尔沁沙地生态危机的成因，从而为提出沙地生态环境治理的科学合理的对策和具体有效的路径奠定基础。

第4章介绍发达国家与地区生态环境保护的经验与启示。这些国家率先进入了工业文明阶段，也较早地品尝了工业文明带来的苦果，经济社会发展深受资源能源短缺、环境污染、生态恶化的困扰，居民生活陷入了严峻的生存危机。但是这些国家经过多年的生态实践，在生态治理和环境保护方面形成了卓有成效的措施，积累了成功经验和经典范例，这些情况都对科尔沁沙地生态文明建设起到了非常重要的启迪与借鉴作用。

第5章新时代科尔沁沙地生态治理的对策探究。这一章是本书写作的落脚点。以马克思主义生态文明理论、习近平生态文明思想为指导，批判借鉴生态学马克思主义的生态危机理论，继承并弘扬中国传统文化中的生态思想以及蒙古族传统文化中的生态智慧，结合西方发达国家与地区生态环境保护的经验，本书提出，通过提升生态文明理念、转变政府职能、完善行政制度、健全法律体系、转变经济发展方式和生产经营方式、培育生态公民、引导绿色消费、倡导绿色生活方式、开展国际交流、加强区域合作等一系列具体途径，推进科尔沁沙地生态状况持续良性逆转，再现天蓝、地绿、风轻、水净的美丽图景，实现既要发展经济又要保护环境的“双赢”之路。

结语。科尔沁沙地生态文明建设是一项长期复杂艰巨的系统工程，需要政府、企业、社会团体和公民的共同努力、团结协作、实践创新。新时代科尔沁沙地生态文明建设需要以尊重自然、顺应自然、保护自然的生态理念为指导，开展全方位、立体化的综合治理，继续努力推进沙地生态良性逆转，构筑美丽家园，实现人与自然和谐共生。

# 目　录

# 第1章 绪 论

## 1.1 选题背景和研究意义

### 1.1.1 选题背景

文明是人类社会文化发展的成果，是人类社会进步的标志。自人类社会诞生以来，人类文明历经原始文明、农业文明、工业文明，于20世纪70年代开启了生态文明。工业文明肇始于18世纪英国工业革命，推动了生产力的巨大发展，带来了科学技术的飞速更新，人类生产生活发生了巨大的变化，大量的物质财富被创造出来，超过了以前所有世纪财富创造的总和。但其弊端伴随着逐渐发展的工业文明日渐显露出来，引发了能源和资源等诸多具有全球性的生态环境问题，进而演变为生态危机，使人类的生存和发展受到了严重威胁。生态文明是在反思和超越工业文明的基础上出现的新型文明形态，它要求人类在开发利用自然的时候，必须以人与自然的相互作用和谐发展为中心，选择一条既能保持经济增长，又能保持生态平衡、资源持续利用的发展模式，珍惜自然、尊重自然、保护自然，强调人类与生存环境的共同进化。

中国改革开放历经四十余载，无论是经济发展规模还是融入全球化程度，都使生态问题越来越成为理论与实践关注的对象。中国共产党关于建设生态文明主张的提出，明确了中国特色社会主义现实发展的路径和方向。党的十六大、十七大在中国特色社会主义建设的总体布局中，提出了建设生态文明的宏伟战略。党的十八大报告把生态文明建设放在突出地位，党的十九大报告中提出建设富强民主文明和谐美丽的社会主义现代化强国的奋斗目标，强调建设生态文明是中华民族永续发展的千年大计。

内蒙古地区的经济文化类型是以草原游牧为主，受人为和自然因素的影响，其生态也正面临将要失衡的危险。在全面推进现代化建设进程中，由于工业化推进迅速，生产工艺落后，经营方式粗放，加之，政府有关经济决策不够理性，自然资源开发利用不甚合理，人口快速增长，造成科尔沁沙地生态破坏的范围和程度不断扩大。在自然和社会双重因素作用之下，原本美丽的科尔沁大草原正在渐渐沦为沙地，特别是20世纪以来其荒漠化进程持续加剧。科尔沁沙地环境质量恶化，致使当地居民饱尝了生态环境恶化的严重后果。土地沙化、江河断流、沙尘暴次数大幅度增加，不仅严重影响了当地经济社会的发展、居民的生产生活，甚至使这里的农牧民难以维持基本的生存发展需要、生活陷入贫困，而且直接影响到北京、天津、沈阳、长春等城市的生态环境安全，严重危害了我国东北商品粮生产基地，并对我国东北、华北地区的经济发展和社会稳定构成威胁，成为制约内蒙古东部地区经济发展的主要生态问题。

在全球生态文明建设的时代背景下，本书选题旨在探索科尔沁沙地生态治理的对策，针对少数民族地区特点，找到其生态文明建设的实际路径。通过对科尔沁沙地生态文明建设现有状况的理性分析，充分发掘和论证新时代社会主义生态文明建设之路的有利条件，克服其不利因素，确立科尔沁沙地社会主义生态文明建设的指导思想及战略目标，尤其对生态补偿问题、产业方式调整、生活方式革新、严重的贫困问题等一些特殊问题开展深入研究，探寻有效对策，这将有助于实现以习近平新时代中国特色社会主义思想为统领，牢固树立各级政府和各族人民的生态文明观念，巩固科尔沁沙地生态治理大于破坏的良性逆转成果，建立最严密的法治体系、实行最严格的制度约束，为新时代科尔沁沙地生态文明建设提供可靠政策支持和法制保障。

对科尔沁沙地主体的少数民族——蒙古族传统生态文化无比丰富的内涵及其现代价值和基本特征的研究，是本书的亮点所在。蒙古族生态文化，蕴含着非常深刻的生态思想和和谐意识，能够使我们在处理人与自然的关系问题上受到启发，对于理解和把握社会主义生态文明观念，正确处理人、社会、自然三者之间的关系具有重要的现实意义，有利于实现中华民族永续发展，所以，必须深入发掘和研究蒙古族生态文化的精粹内容，使之焕发出新的时代价值，为科尔沁沙地社会主义生态文明建设提供具有地方特色和民族特色的思想资源。

### 1.1.2 研究意义

哲学是时代精神的精华，而学术研究必须直面现实、反思现实、关切现实、超越现实，同现实“对话”进而预见未来，否则就会因失去其价值和存在意义而丧失生命力。建设美丽中国，是时代赋予我们的伟大梦想和光荣使命。科尔沁沙地属于典型的多民族地区，具有较强的代表性，是构筑祖国北疆安全稳定屏障的重要区域，呈现出“四区叠加”的突出特点，既是典型的生态环境脆弱区、众多少数民族聚居区，同时还是北方重要的生态功能区以及全国特殊贫困地区。把多民族聚居、具有地域特殊性的科尔沁沙地生态文明建设当作研究对象，对其他少数民族地区的生态文明建设将起到重要的借鉴作用，尤其对东北、华北、西北以及全国的生态安全意义重大。

理论意义：

其一，在生态文明视域下，挖掘马克思主义生态思想，梳理马克思主义生态观点，有助于深化对马克思主义哲学的研究。虽然在马克思、恩格斯所处的时代，生态问题还未充分展现，但是在马克思、恩格斯的著作中蕴含着大量的生态思想观点，具有超越时代发展的前瞻性和预见性，对于当前的新时代生态文明建设具有理论指导和实践引领的重大意义。深入研究马克思主义生态思想，有助于在新时代、新阶段坚持和发展马克思主义理论，回击对于马克思主义缺失自然生态观念的诘难，为全球化背景下的生态文明建设奠定坚实的理论基础。

其二，对习近平生态文明思想进行深入研究，有助于深化对于马克思主义生态哲学的理解与运用。习近平生态文明思想是马克思主义生态文明思想中国化的最新理论成果，体现了对于马克思主义生态文明理论的继承与创新。深入研究习近平生态文明思想，对于丰富和完善我国新时代生态文明建设理论、推进马克思主义生态观研究具有重要的理论价值，对于构建和谐社会、建设美丽中国具有重要的实践意义，同时也为科尔沁沙地生态治理提供了理论依据和实践指南。

其三，对中国传统文化中所蕴含的生态思想，特别是对于蒙古族传统生态智慧的研究和挖掘，有助于实现蒙古族传统生态文化的当代价值转换，使其焕发出生机和活力，丰富生态文明建设的文化底蕴。作为历史悠久并延续至今的中华文明，孕育了灿烂的文化，其中包含着丰富而又深刻的生态思想：儒家“天人合一”的生态理念、道家“顺物自然”的生态实践原则、佛家“众生平等”的生态伦理观念。特别是作为中华民族重要组成部分的蒙古族，在千百年的游牧生活过程中形成了尊重自然、敬爱自然和保护自然的生态意识，这些都可以充分吸取到少数民族地区生态文明建设理论创新与实践探索之中。

现实意义：

首先，研究科尔沁沙地生态文明建设，有助于实现美丽中国梦，构筑科尔沁美丽家园。科尔沁沙地是中国面积最大的沙地，地跨内蒙古、吉林、辽宁三省区，主要分布在内蒙古沙漠带东段，处于大兴安岭南端东侧丘陵山、松嫩平原、辽河平原、努鲁尔虎山、七老图山、锡林郭勒草原中间广阔地带，东西长达 400km，总面积约 6.36 万 $km^2$。① 科尔沁沙地居住着汉、蒙古、满、回、朝鲜、布朗、达斡尔、鄂伦春等诸多民族，其中主体民族蒙古族在长期的生存发展过程中积淀了丰富的生态文化，拥有非常丰富的资源，但至今还未能得到科学而有效的开发利用。探索科学合理、行之有效的保护自然环境、节约资源能源的生态发展模式，有利于实现民族地区经济社会与自然环境和谐发展，实现生产空间、生活空间与生态空间的合理布局与整治，对于其他民族地区社会主义生态文明建设具有重要的现实意义和借鉴示范意义。

其二，有助于实现边疆稳定，筑牢中国北方生态安全屏障。科尔沁沙地是典型的农牧交错区，其特殊的地理位置蕴藏着丰富的资源能源，该地区农牧业生产发达，是全国重要的畜牧业基地和商品粮生产基地，也是我国重要的工业生产基地和能源供应基地。这里城市密集，工业基础雄厚，人口众多，交通发达，行政区划主要包括内蒙古通辽市、赤峰市、兴安盟，吉林省西部的四平市、松原市、白城市以及辽宁省的沈阳市、朝阳市、阜新市，其主体在内蒙古境内。土地荒漠化制约着内蒙古东部地区的经济发展，对东北和华北地区的生态安全、地区稳定和区域经济发展也构

---

①中国八大沙漠、四大沙地概况［EB/OL］. http：//www. china. com. cn/fangtan/zhuanti/2017 –09/03/content_ 41523243. htm.

成了一定的威胁。因此，对科尔沁沙地生态治理进行积极有效的深入研究，对于构建东北和华北地区生态安全屏障，实现民族团结进步、建设稳定边疆，实现民族地区生态保护与恢复，推进社会主义生态文明建设具有重要战略意义。

其三，有助于提升国际影响，促进国际合作。荒漠化是当今人类社会共同面对的一个重大环境问题，国际社会对防治荒漠化问题予以普遍关注和高度重视。对科尔沁沙地生态恢复进行深入研究，开展沙地治理和荒漠化防治，形成富有成效的生态实践模式，可以提升中国在促进生态治理、实现生态恢复的国际合作方面的影响力。

## 1.2 国内外研究现状综述

### 1.2.1 国内研究现状综述

其一，关于生态文明建设理论研究。生态文明是人类文明发展的主旨，是在对工业文明进行反思的过程中逐渐确立并发展起来的，它站在人类文明发展的高度去思考问题，并努力探求解决问题的有效途径和根本方法。

在国内理论界，基本上把生态文明理论与实践的研究分为三类：首先是关于生态文明研究的著作。刘湘溶、陈学明、余谋昌先后出版了《生态文明论》，但是各自阐述的观点有所不同。刘湘溶的《生态文明论》（1999）以人与自然和谐共存作为理论基点，从“求真”“扬善”“臻美”的全新角度对人类文明进行重新审视，对生态文明原理进行了多角度系统化的深入探讨。陈学明的《生态文明论》（2008）指出，建设中国特色社会主义生态文明，实现现代化建设与环境保护双赢，唯一可以选择的是推行“以生态导向的新型现代化”战略，走绿色工业化和绿色城市化相结合的发展道路，把工业文明建设与生态文明建设结合在一起。余谋昌的《生态文明论》（2010）则从人类新文明的高度出发，阐释了生态文明建设的社会形态、哲学形态、伦理形态、经济形态、科技形态、文艺形态等具体内容。现有的文献显示，进入21世纪后，全面、系统地研究生态文明理论与实践的著作大量呈现，较早的是廖福霖的《生态文明建设理论与实践》

(2003)。洪大用、马国栋的《生态现代化与文明转型》(2014) 深入分析了生态文明建设的有关理论，认为人类文明的前进方向是生态文明，从实践的角度提出了构建低碳社会、加强社会建设等推动生态文明的建设路径。赵建军的《如何实现美丽中国梦——生态文明开启新时代（第二版)》(2014)，侧重于实践的角度，从新高度、新理念、新挑战、新路径、新价值等方面阐述了实现中国绿色崛起的具体策略。其次，还出现大量关于生态文明研究的硕博论文。如张敏的博士论文《生态文明及其当代价值》(2008)、张剑的博士论文《中国社会主义生态文明建设研究》(2009)、张首先的博士论文《生态文明研究》(2011)、刘静的博士论文《中国特色社会主义生态文明建设研究》(2011)、包双叶的博士论文《当前中国社会转型条件下的生态文明研究》(2012)、王宽的博士论文《新时期社会转型中的生态文明建设研究》(2016)、董杰的博士论文《改革开放以来中国社会主义生态文明建设研究》(2018)，硕士论文如常焉的《马克思主义生态观与生态文明建设研究》(2011) 等，都是从马克思主义的生态观和自然观出发，对蕴含于历史唯物主义中的生态思想进行了阐述，论证了社会主义生态文明建设的紧要性。第三，出现了为数众多的关于生态文明研究的期刊文章。如王凤才的《生态文明：生态治理与绿色发展》、赵建军的《论生态文明理论的时代价值》、丰子义的《生态文明的人学思考》、徐春的《生态文明与价值观转向》以及《对生态文明概念的理论阐释》等，从理论与制度层面对生态文明的内涵进行了多角度深入剖析，认为在美丽中国建设过程中生态文明建设具有重要的意义，指出实现人与自然的双重解放是生态文明建设的价值取向。

其二，关于马克思主义的生态理论研究。在19世纪马克思、恩格斯所处的时代，尽管生态环境问题尚未完全显现，但是也已初露端倪。如何看待人与自然的关系，是生态文明的核心问题，这在马克思的博士论文中就已得到关注。马克思、恩格斯虽然没有形成系统的生态文明理论观点，但作为伟大的哲学家、思想家，他们已经预见性地表达了“人与自然和谐”的生态观念。在《1844年经济学哲学手稿》《德意志意识形态》《关于费尔巴哈的提纲》《资本论》《英国工人阶级状况》《自然辩证法》等著作中，均可以找到马克思、恩格斯的生态思想。通过对异化劳动所造成的人的异化、科技异化、自然的异化进行层层深入的分析，马克思、恩格斯以科学的实践观为中介，揭示了人类社会发展的现实基础和必然趋势是实现人与自然、社会与自然的和谐。

通过研读马克思主义经典作家的文本，深入梳理和挖掘蕴含其中的生态哲学、生态政治、生态经济、生态社会等思想，对于准确研究和全面把握马克思主义生态理论的实质和内涵至关重要。其中，孙道进的《马克思主义环境哲学研究》(2008)，不仅整合与超越了西方环境哲学，而且对构建具有中国特色的环境哲学进行了全面、系统的阐述，对于实现“哲学生态学转向”理论做出了积极的回应，对于塑造社会主义生态文明具有重要的实践价值和理论意义。陈学明的《在马克思主义指导下进行生态文明建设》(2009)、《马克思唯物主义历史观的生态意蕴》(2010)、《马克思“新陈代谢”理论的生态意蕴》(2010)、《资本逻辑与生态危机》(2012)等，从评价生态学马克思主义及其代表人物福斯特的思想切入，对马克思的生态历史观和世界观进行了较为全面系统的阐述，并由此指出制度变革才是解决生态问题、摆脱生态危机的最终出路，因此需要建立社会主义制度和形成社会主义生产——生活方式。

立足于对马克思、恩格斯生态思想进行文本研究的基础之上，理论界又从哲学、自然观、人性、经济学以及指导当代生态文明实践等多个角度，深入挖掘马克思主义所蕴含的生态观念。还有大量的从马克思主义生态哲学、生态自然观的角度开展研究的理论文章，如李桂花的《马克思、恩格斯哲学视域中的人与自然的关系》(2011)，廖志丹、陈墀成的《马克思、恩格斯生态哲学思想：中国生态文明建设的哲学智慧之源》(2011)；从马克思生态人性观角度进行研究的主要有杨英姿的《“人类本性”的生态意蕴——马克思在〈1844年经济学哲学手稿〉中的界定》(2010)，王贤卿的《基于马克思人性理论视阈的人与自然关系探析》(2011)；从生态经济或者指导当代生态实践的视角进行研究的如李崇富的《马克思主义生态观及其现实意义》(2011)，盛世兰的《马克思主义自然观与中国的生态文明建设》(2008)，李世坤的《运用马克思、恩格斯人与自然关系的理论指导“两型”社会建设的实践》(2011)等等。

从马克思主义生态思想中国化发展的角度进行研究，探索中国特色社会主义生态文明理论发展历程，形成了一系列理论研究文章，如胡洪斌的《从毛泽东到胡锦涛：生态环境建设思想60年》(2009)，余谋昌的《生态文明：建设中国特色社会主义的道路——对十八大大力推进生态文明建设的战略思考》（2013），夏光的《建立系统完整的生态文明制度体系——关于中国共产党十八届三中全会加强生态文明建设的思考》（2014）。党的十八大以来，学者对习近平生态文明思想进行深入研究，形成了丰富的研究成果，如王雨辰的《人类命运共同体与全球环境治理的中国方案》（2018）、黄承梁的《论习近平生态文明思想对马克思主义生态文明学说的历史性贡献》（2018）、李国竣和陈梦曦的《习近平绿色发展理念：马克思主义生态文明观的理论创新》（2017）、段蕾和康沛竹的《走向社会主义生态文明新时代——论习近平生态文明思想的背景、内涵与意义》（2016）。

其三，关于中华传统生态思想研究。生态文明建设根植于中国古老的传统文化中所蕴含的生态观念，对中国传统文化中的生态思想进行深入挖掘、全面梳理和研究探讨，有利于当前推进新时代生态文明建设。在中国古代儒、道、佛三大传统文化中，虽然没有形成系统的生态文献，但是蕴含着生态哲学、生态价值、生态道德等生态文明建设的理论思考，同时也印刻着以体现生态准则约束和生态环境保护理念的生态规定为指导的生态实践和生活方式。对中国传统生态哲学开展深入系统研究的代表人物当属蒙培元先生，在其著作《人与自然——中国哲学生态观》（2004）中，他深刻揭示了中国古代哲学中所体现的生态价值观，广泛挖掘儒、道、宋明理学以及近代哲学的生态观念和主张。佘正荣对中国古代“天人合一”生态观进行了深入研究，在《中国生态伦理传统的诠释与重建》（2002）一书中深入挖掘中国传统文化生态思想的同时，与西方生态伦理观进行了比较研究，阐述了中国生态伦理传统在推动当代生态文明建设过程中所具有的现实意义。对于中国本土原生的道家生态主张进行研究和阐述的代表是葛晋荣，在其《道家文化与现代文明》（1991）一书中重点分析了老子的哲学思想并着重介绍道家的环境保护观念。此后李世东、杨国荣的《老子文化与现代文明》（2006）围绕着“老子是现代文明先知”的论断展开论述，并专辟一章论述了推进生态文明建设要弘扬道家文化。对于佛教生态思想进行深入研究的代表人物是方立天，在其文章《佛教生态哲学与现代生态意识》（2007）中，分析了佛教缘起论、宇宙图式论、因果报应论、普遍平等观所体现的生态保护理念。杜超的《生态文明与中国传统文化中的生态智慧》（2008）指出，生态文明是人类反思工业文明的产物，同时也是中国传统文化孵化的产物，源远流长的中华文明在哲学、伦理、艺术、政治以及社会制度等诸多方面富含“生态智慧”。理论界在分析传统文化思想的基础上，深入挖掘了其所蕴含的生态智慧和主张，在保护环境关爱自然和应对全球性生态危机方面提出了非常有价值的见解，启示和借鉴意义较大。

其四，关于蒙古族生态文化和科尔沁沙地生态现状的研究。关于蒙古族生态文化的研究以国内为主，主要涉及哲学、历史、宗教、艺术等多个层面，以及民族学、伦理学、文化人类学、生态学、民俗学等各个学科，内容丰富多样，涵盖蒙古族生态哲学、萨满教影响下的蒙古族生态宇宙观、蒙古族生活方式中的生态思想、蒙古族律法中的生态法律制度，以及蒙古族日常生活中蕴含的生态行为和观念、蒙古族传统习俗中的生态规约与禁忌，甚至在蒙古族人名中所显现的关爱自然、珍爱万物、保护生态的思想，为全面了解蒙古族传统生态文化知识提供了可资借鉴的思想素材。这方面的论著主要有：马桂英的《蒙古文化中的人与自然关系研究》(2013)，陈寿朋的《草原文化的生态魂》(2011)，乌峰、包庆德的《蒙古族生态智慧论》(2009)，暴庆五的《蒙古族生态经济研究》(2008)，宝力高的《蒙古族传统生态文化研究》(2007)，廖国强、何明、袁国友的《中国少数民族生态文化研究》(2006)，苏和、特·额尔敦陶克套的《蒙古族哲学思想史》(2004，蒙文版)，葛根高娃、乌云巴图的《蒙古民族的生态文化——亚洲游牧文明遗产》(2004)，宝·胡格吉勒图的《蒙元文化》(2003)，孟广耀、曹永年等主编的《蒙古民族通史》(2002)，乌云巴图、葛根高娃的《蒙古族传统文化论》(2001)，刘钟龄、额尔敦布的《游牧文明与生态文明》(2001)。这方面的论文主要有：格·孟和的《论蒙古族草原生态文化观》和《试论蒙古族草原生态伦理观》，孟庆国、格·孟和的《和谐是游牧生态文化的核心内容》，满都夫的《蒙古游牧文明与生态经济哲学思考》，包庆德的《游牧文明：生存智慧及其生态维度研究评述》，吉尔格勒的《游牧民族传统文化与生态环境保护》，铁牛、郑小贤的《蒙古族名字与生态观念关系研究》。

对科尔沁草原荒漠化及科尔沁沙地生态现状的研究也主要以国内为主，形成了一系列研究成果。其中专门针对科尔沁沙地荒漠化开展研究形成的论著主要有两本，一是姜凤岐、曹成有、曾德惠的《科尔沁沙地生态系统退化与恢复》(2002)，书中主要论述了科尔沁沙地生态系统退化的特征、原因、过程，探索了实现生态恢复的机制与途径；二是蒋德明的《科尔沁沙地荒漠化过程与生态恢复》(2003)，书中主要依托中科院沈阳应用生态研究所乌兰敖都荒漠化试验站研究成果，重点论述了科尔沁沙地生态系统退化的原因和历史过程，并探索实现生态恢复与综合整治的有效途径。另外，赵凤鸣的《草原生态文明之星》(2016) 论述了内蒙古生态文明发展战略，其中对科尔沁沙地的生态状况和治理途径给予了分析和建议。在研究过程中涉及科尔沁沙地荒漠化治理对策和可资借鉴的研究著作主要有：包玉山的《内蒙古草原畜牧业的历史与未来》(2003)，书中着重围绕传统畜牧业的可持续性以及传统农业生产方式的不可持续性的对比展开分析，揭示了游牧畜牧业的合理性及基本矛盾，重点关注草场所有制，并对内蒙古草原退化的多方面原因等进行阐述。盖志毅的《草原生态经济系统可持续发展研究》(2007) 和《制度视域下的草原生态环境保护》(2008)，分析了我国草原生态经济系统退化的现状及造成的危害、成因，提出实现草原生态经济系统可持续发展的设计及物质和制度保障，深度剖析了当前我国草原生态环境遭到破坏的恶劣现状，指出我国现存草原产权制度的现实局限，尤其是对作为生态建设主导的政府在草原生态保护过程中出现的政府失灵现象进行了论述，进而提出完善现存草原制度的治理主张。

对科尔沁沙地生态现状成因与对策进行分析的论文主要有：李建华的《科尔沁沙地生态系统退化特征及原因》，陈立枫、刘平、王丹等的《略论科尔沁沙地荒漠化土地生态恢复与保护》，韩广、张桂芳等的《河流演变在科尔沁沙地形成和演化中的作用初探》，赵学勇等的《科尔沁沙地沙漠化土地恢复面临的挑战》，封建民等的《沙漠化对土地生产力的影响——以通辽市为例》，李爱敏等的《21 世纪初科尔沁沙地沙漠化土地变化趋势》，晓兰等的《科尔沁沙地沙漠化研究》，赵哈林等的《科尔沁沙地沙漠化正、逆过程的地面判别方法》、王涛等的《科尔沁地区现代沙漠化过程的驱动因素分析》，等等。

关于科尔沁沙地生态文明建设的研究主要集中在国内。以现有的关于科尔沁沙地生态文明建设的研究成果来看，论文居多而论著甚少。论文有蒋德明等的《科尔沁沙地生态环境及其可持续管理——科尔沁沙地生态考察报告》、王晓敏的《北锁“黄龙”保辽宁》、陈立枫等的《略论科尔沁沙地荒漠化土地生态恢复与保护》、李建华的《科尔沁沙地土地退化及其防治对策》等等。他们分别从不同的视角对科尔沁沙地生态环境现实状况进行了分析，也对科尔沁沙地生态文明建设的前景进行了研究和展望。

### 1.2.2 国外研究现状综述

其一，关于生态文明理论研究。国外自20世纪60年代以来形成了一系列研究成果。1962年，《寂静的春天》问世，对人类保护生态、爱护环境敲响了警钟，引起了人们的普遍关注，激发了世界范围内的环境保护运动。对生态问题的深入研究形成了大量论著，起到了警示人类必须与自然和谐相处、保护生态环境的作用，呼吁人们减少浪费、关爱地球这个人类共同的家园，实现人与自然环境的和谐发展，这个时期这方面的主要作品包括：世界环境与发展委员会发布的《我们共同的未来》，美国的芭芭拉·沃德、勒内·杜博斯合著的《只有一个地球——对一个小行星的关怀和维护》、艾伦·杜宁撰写的《多少算够——消费社会与地球的未来》、卡洛琳·麦茜特的《自然之死》、霍尔姆斯·罗尔斯顿的《哲学走向荒野》。以上著作收录于1997至2000年吉林人民出版社策划推出的“绿色经典文库”丛书，记录了世界环境运动走过的历程。

2007年，由杨通进主编的“走向生态文明丛书”，翻译、介绍了美国、英国和澳大利亚学者的生态文明思想，包括美国哈格洛夫的《环境伦理学基础》、阿诺德·柏林特主编的《环境与艺术：环境美学的多维视角》，英国布莱恩·巴克斯特的《生态主义导论》以及简·汉考克的《环境人权：权力伦理与法律》等，此外由杨通进、高予远主编的《现代文明的生态转向》收录了以国外作品为主的27篇构建生态文明的重要文献。

其二，关于生态学马克思主义研究。生态学马克思主义是当代西方马克思主义重要的新兴流派之一，① 产生于20世纪60年代，形成于70年代，经历了80年代的发展至90年代进入完善时期。生态学马克思主义尝试利用生态学的有关理论对马克思主义进行补充和发展，对资本主义生产方式、异化现象进行深刻批判，努力探寻导致生态危机的深层次原因，提出

①曾文婷．“生态学马克思主义”研究［M］．重庆：重庆出版社，2008：23.

构建新型的生态社会主义模式，实现人与自然的和谐发展。代表性人物及著作主要有：莱斯的《自然的控制》（1972）和《满足的极限》（1976），阿格尔的《论幸福和被毁的生活》（1975）以及《西方马克思主义概论》（1979），高兹的《资本主义、社会主义和生态学》（1991），佩珀的《生态社会主义：从深生态学到社会主义》（1993），奥康纳的《自然的理由：生态学马克思主义研究》（1997），福斯特的《生态危机和资本主义》（2002）等。

从以上文献综述可以看出，成果比较丰富的生态文明理论研究文献在国内外不断涌现，这些作品围绕着生态文明的提出、科学内涵、重大意义及特征问题开展研究，针对社会未来发展目标问题、人与自然关系问题等，进行了广泛深入的探讨，但是存在一个明显缺陷在于理论综合创新不足，总体内容缺乏坚实系统的马克思主义理论依据。

关于科尔沁沙地生态现状原因分析与对策研究尽管取得了较多成果，但目前对科尔沁沙地生态文明建设的研究依然不容乐观。从研究领域看，基于马克思主义理论学科角度的研究尚不多见，许多作品缺乏整体系统观念，仅仅局限于经济、法律、生态学、民族学等单学科角度进行研究，缺乏跨学科的综合性、整体性的研究。同时缺乏国际视野和开放合作精神，局限于某一试验基地的研究，对于国内外生态建设的成功经验借鉴较少，很难从美丽中国建设、筑牢祖国北疆生态安全屏障等战略高度开展宏观研究。

## 1.3 研究思路和方法

### 1.3.1 研究思路

本书将辩证唯物主义与历史唯物主义方法论进行有机结合，通过文献研究结合社会调查和实地调查开展实证分析，辅之以多学科综合研究等方法，从科尔沁沙地形成的历史过程、战略意义以及科尔沁沙地生态治理面临的阻碍因素、现实困境及对策方面，结合科尔沁沙地生态恢复的具体实践，对新时代科尔沁沙地生态文明构建展开了较为深入的系统研究。

首先，对当代中国生态文明建设的理论基础进行研究和探讨，对生态文明建设的现实依据进行剖析。通过深入研究马克思主义生态理论，梳理中国特色社会主义生态文明建设理论，全面阐释习近平生态文明思想，深入挖掘蕴含于中国传统文化中的大量优秀生态伦理思想，尤其是蒙古族生态文化的当代价值，为新时代科尔沁沙地的生态治理研究奠定坚实的理论基础。

其次，结合科尔沁草原荒漠化的历史过程以及科尔沁沙地自然环境恶化的现状，分析科尔沁沙地生态环境问题的复杂成因。在对西方发达国家生态治理与环境保护的措施进行总结归纳的基础上，深入挖掘发展循环经济、推行环保政策、完善环境立法、实现科技创新等方面的成功经验对于当前科尔沁沙地生态文明建设的启示意义。

最后，本书要研究怎样实施科尔沁沙地生态治理的战略问题，这是科尔沁沙地生态恢复战略能够顺利实施的根本保证，也是本书研究的重点。本着具体问题具体分析的原则，立足于科尔沁沙地生态文明建设过程中凸显的现实问题，分析荒漠化防治和生态环境治理过程中遇到的突出困境，提出有针对性的符合实际的对策建议。科尔沁沙地生态文明实践成效初显，但同时也存在亟待解决的现实问题，建设过程中还有很多不足，需要不断完善生态发展战略，制定科学合理的对策加以解决，推广和创新良性生态发展模式，实现理论与实践的统一。

### 1.3.2 研究方法

本书坚持以马克思主义哲学方法论为指导原则，以文献综述与系统分析相结合的方法开展跨学科研究。科尔沁沙地生态文明建设涉及众多学科，涵盖哲学、伦理学、生态学、社会学、历史学、人类学、民族学以及经济学、政治学、法学、人口学等众多研究领域，形成了丰富的理论研究成果和实践经验。通过采取跨学科研究的方法，在文献综述和系统分析的基础上对各个领域众多成果进行科学归纳和分析，以此为基础进行理论探索和综合创新，形成更加丰富全面更为综合系统的研究成果。

1. 辩证唯物主义和历史唯物主义方法。本书坚持从唯物辩证法和唯物主义历史观的基本原则出发，客观分析科尔沁沙地面临的具体生态环境问题，揭示科尔沁沙地生态文明建设的发展趋势和具体对策。

2. 文献研究法。对文献的检索和收集整理工作主要从两个方面进行：

一是国内外关于生态文明建设的现有研究成果，以期能够较为准确地把握生态文明理论发展现状；二是从科尔沁沙地这一具体研究对象的角度着手，通过查阅科尔沁沙地生态治理工作中保存的文件资料，对科尔沁沙地生态文明建设的现状及困境进行全面客观的分析和把握，精准查找其存在的深层次问题。

3. 调查研究与实证分析相结合的方法。在本书写作过程中，将调查研究和实证分析相结合，具体表现为基于科学方法论的指导，运用当代网络化、信息化等科学技术方法和手段广泛搜集资料，并且结合实地调研、走访相关部门、查询政府的各类年鉴，比较全面客观地反映科尔沁沙地生态文明建设的具体实际现状，经过缜密而深入的分析研究，发现其中存在的问题，通过对科尔沁沙地荒漠化现象进行目的明确的考察，并在此基础上进行前瞻性的理论思考，以达到对事物内部结构的清晰理解，进而预测科尔沁沙地生态文明建设发展的未来趋势。

4. 多学科综合研究方法。从理论研究上看，生态文明建设牵涉到政治学、经济学、法学、生态学、社会学等学科，从生态实践治理角度来看，它与农学、生物学、草学、气候学、土壤学等学科相关联。本书采用多学科研究方法，尤其是从生态文明建设和习近平新时代中国特色社会主义思想的绿色取向的视角来研究科尔沁沙地的生态治理这一复杂问题，更加凸显研究的学科交叉性和综合性。

5. 系统论研究方法。生态文明建设是一项复杂系统工程，包含众多子系统和若干组成部分，如果只是从其中包含的某一部分出发进行具体研究，这对于特定问题的解决而言虽具有强烈的针对性和指向性，但是由于割裂了系统内部各个要素之间的必然联系，缺乏整体的、全面的、系统的研究，就会造成认识上的偏差，形成顾此失彼的片面性结论，难以整体把握问题并进行合理解决。因此，本书采用系统论的研究方法，放眼全局和整体，以便形成立体化、全方位的理论概括与总结，力求全面系统地分析科尔沁沙地面临的生态困境问题并提出解决问题的整体思路。

## 1.4 本书创新与不足

### 1.4.1 本书创新

其一，扬弃古今中外生态理论观念和生态伦理思想，对科尔沁沙地生态文明建设的理论基础进行科学构建。面对科尔沁沙地荒漠化现状，诸多学者从不同角度对科尔沁沙地生态治理进行了理论研究与实践探索，形成了各具特色的理论成果，积累总结了丰富的实践经验。然而，将马克思主义与中、西方生态文化相结合，综合研究科尔沁生态文明构建问题，目前还不多见。因此，本着把握古今中外理论成果进行综合创新的原则，坚持一般和个别、共性和个性辩证统一的方法论，将科尔沁沙地具体生态实践与生态文明建设的一般理论有机地结合起来，推进新时代科尔沁沙地生态文明的理论建设，这是本书研究的创新点也是难点之处。

其二，对马克思主义生态思想进行深入研究，发掘整理马克思主义生态观，准确把握和再现马克思主义丰富的生态哲学思想，从而不断完善马克思主义理论，深化对马克思主义哲学的理解，凸显马克思主义生态哲学思想的内在价值和现实意义。对习近平生态文明思想开展深入的系统研究，准确理解和把握其理论观点和主张，加深对于马克思主义哲学本质的理解，开拓马克思主义研究的新视野，为科尔沁沙地生态治理探寻理论依据。

其三，对中国传统文化中所蕴含的生态思想，特别是对于蒙古族传统生态智慧的研究和挖掘，是本书的一大亮点。历史悠久并延续至今的中华文明，孕育了灿烂的文化，其中包含着丰富而又深刻的生态思想：儒家“天人合一”的生态理念、道家“顺物自然”的生态实践原则、佛家“众生平等”的生态伦理观念。对于科尔沁沙地主体民族——蒙古族的传统文化进行深入研究，有助于实现蒙古族传统生态文化的当代价值转换，使其焕发出生机和活力，丰富生态文明建设的文化底蕴。作为中华民族重要组成部分的蒙古族，在千百年的游牧生活过程中形成了尊重自然、敬爱自然和保护自然的生态意识、生态行为、生态生产实践、生态伦理观念，这些都可以充分借鉴到少数民族地区生态文明建设实践之中，对于保护生态、保护生物多样性、维护社会与自然的可持续发展，以及实现国家和地区生态安全具有重要的现实意义。

其四，借鉴西方发达国家生态治理的成功经验，探索科尔沁沙地生态治理的有效途径。西方发达国家为了摆脱生态困境，积极开展生态治理和环境保护各项工作，在治理环境污染、节约资源能源方面取得了显著成效，在政府职能转换、环保法制建设、生产方式变革、绿色环保科技研发、环保生态园建设、循环经济开发利用、开展绿色消费方面积累了成功经验，这些都对于科尔沁沙地生态治理具有重要的借鉴意义。

其五，分析探索新时代科尔沁沙地生态治理的有效路径。以马克思主义实践的观点和原则为指导，遵循“实践—认识—再实践—再认识”的否定之否定的认识路线，在进行实地调研的基础上，形成翔实的实证资料，从科尔沁沙地当前实际出发开展调查研究，结合国内外生态治理的成功经验，提出科尔沁沙地生态保护与治理的具体对策，这就体现了理论指导下的观念创新和实践探索。本书系统深入地研究科尔沁沙地生态治理过程中的具体对策，重点在于转变政府职能、推进生态民主建设、转变经济发展方式、培育公民生态意识、健全环境立法体系、形成生态治理的思路和对策，这就可以为扎实有序地推进科尔沁沙地的社会主义生态文明建设构建一个立体型、可操作性的方案。

### 1.4.2 本书不足

其一，科尔沁沙地所属地域辽阔，由于作者掌握的资料有限，本书研究重点集中在科尔沁沙地主体所在的通辽市以及赤峰市的北部旗县，对于科尔沁沙地整体状况及周边辐射地区仍缺乏全面系统的了解，需要进行更为广泛的实际调查与深入研究，因而对科尔沁沙地生态治理的整体化、全方位的发展战略有待于进一步深入探讨。

其二，生态治理的研究是一项复杂系统工程，涉及哲学、生态学、法学、社会学、经济学、政治学等多学科、多领域。由于作者学识所限，在开展跨学科的广泛深入研究方面，缺乏长时期实验研究和示范工程的经验积累，因此，理论方面的研究成果还有待于接受实践的进一步检验。

# 第 2 章　科尔沁沙地生态治理概述

文明是人类文化创造中的积极成果，是人类社会发展阶段和进步程度的集中体现。生态文明是人类文明发展的崭新阶段，其体现了在对工业文明负面效应反思与批判的基础上，人类对自身未来命运的理性审视与重新思考，体现了人类对于新的发展道路和发展模式所进行的理性反思，这是一种人与自然和谐的新的发展观和新型文明形态。

生态文明是改造客观世界的同时又主动保护客观世界，它贯穿、融合、渗透于政治、经济、文化及社会建设的所有方面和各个过程，是一个复杂的、具有较强综合性的系统工程。狭义角度所理解的生态文明，是社会文明体系的一个重要组成部分，指处理人与自然关系时所达到的文明程度。广义角度的生态文明则是指人类文明发展的一个新阶段，是对工业文明的辩证否定和历史超越，其典型标志是人与自然环境之间实现良性循环，是新型的文明形态。

生态文明的价值观着眼于社会、经济与自然的整体利益，旨在解决越来越严重的生态环境问题，对影响和困扰人类生存和发展的生态危机进行有效化解，实现人与自然的和谐发展。生态文明的发展理念主要表现在敬畏自然，用更尊崇的态度对待自然，顺应自然规律，积极建设和保护良好的生态环境，进而实现经济社会的可持续发展。

## 2.1 科尔沁沙地概况

“科尔沁”作为一个涵盖行政区域、地理、地貌的综合名词，原为古时候一个蒙古族部落的名称，现泛指科尔沁沙地。从词源学考查，“科尔沁”属鲜卑语，在历代汉籍中的译法有所不同，也译作“好儿趁”“火儿赤”等，在《蒙古秘史》中还被译成“豁儿臣”，即“弓箭手”之意，至今科尔沁地区仍然流传着一种说法，“游牧民族都是带弓箭的人”。

科尔沁既是蒙古部落的名称，也是个地理概念，它位于中国东部季风尾闾的蒙古高原东部——西辽河流域腹地，是我国东北西部绵延东西长达400余公里的一条大沙带，与现在的东北西部和内蒙古东部的沙丘地带大致重合，在地貌学上被称之为“科尔沁沙地”。

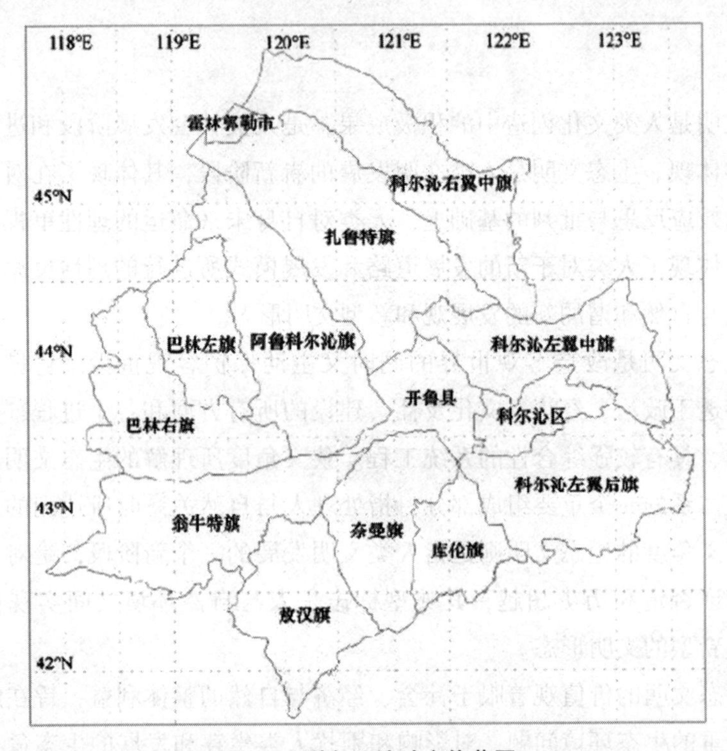


图 2.1　科尔沁沙地主体范围

科尔沁沙地行政区域范围较大，其主体主要处于西辽河下游的冲积平原上，主要分布在通辽市的全部旗县（市、区）和赤峰市的阿鲁科尔沁旗、巴林左旗、巴林右旗、翁牛特旗和敖汉旗，兴安盟的科尔沁右翼中旗，以及辽宁省彰武县北部、康平县西北部等。其地表形态主要以固定的沙丘为主，还有约占10%左右的半固定或流动沙丘，所以学术界把它命名为“沙地”。科尔沁沙地居于中国四大沙地之首，总面积约6.36万平方公里，①

①中国八大沙漠、四大沙地概况［EB/OL］. http：//www.china.com.cn/fangtan/zhuanti/2017－09/03/content_ 41523243.htm.

其中，吉林省占 5.1%，辽宁省占 2.5%，内蒙古自治区占 92.4%（通辽市占 52.7%，赤峰市占 33.1%，兴安盟占 6.6%）。科尔沁沙地居住着汉、蒙古、满、回、朝鲜、鄂伦春等 40 多个民族，是多民族大杂居、小聚居的典型区域。科尔沁沙地主体所在的通辽市，蒙古族人口 155.63 万人（2016 年底统计），是全国蒙古族人口最为集中的地区，占全国蒙古族人口四分之一和全世界蒙古族人口五分之一。

### 2.1.1 科尔沁沙地的自然环境特征

科尔沁沙地与内蒙古高原东部相衔接，北、西、南三侧由原发性山脉包围，东侧和东北平原相接，处于燕山山脉向东延伸与大兴安岭相交叉所形成的三角地带。地势由西向东倾斜，高低悬殊，平均每向东延 1 公里海拔高度就会下降 1 米，海拔 178.5m（通辽）～631.9m（乌丹）。科尔沁沙地气候和土壤条件决定了它的干旱性特征，降水量低、蒸发强烈、气候干燥以及大风频繁是这一地区最显著的环境特点。

其一，科尔沁沙地地理地貌特征。

科尔沁沙地由辽西断块山地丘陵、大兴安岭断块山地和松辽断陷平原三个地貌单元构成。南部是燕山山脉向东延伸部分，以黄土台地和低山丘陵为主的地形分散支离，虽被黄土覆盖但流失严重。西北部地形以混杂堆积的角砾岩和砂砾石为主，是大兴安岭山前冲洪基台地。中部是科尔沁沙地的主体部分，冲积平原受到风力的长期影响，形成了非常典型的风积地貌和风蚀地貌，主要表现形式为：起伏幅度较小的沙地、沙丘、丘间的低地、石质的山丘和冲积平原。按植被的覆盖度大于 40%、20%～40%、小于 20% 三种情况来划分，沙丘可分为固定沙丘、半固定沙丘和流动沙丘。丘间的低地又可以细分为沙甸子、碱甸子和湿甸子。

科尔沁沙地的西部和东部均分布着大面积的固定沙丘，在固定沙丘群之间错落分布着一些不规则形状的小块流沙。流动沙丘和半流动沙丘绝大部分分布在通辽市的奈曼旗以及赤峰市的敖汉旗和翁牛特旗。在西拉木伦河、乌力吉木仁河和老哈河等主要河流的下游主要为呈带状形态分布的平原，地形起伏不大，适宜农业耕作，是科尔沁沙地非常重要的农业粮食基地。

其二，科尔沁沙地气候特征。

科尔沁沙地属温带半干旱大陆季风性气候，具有两个特点，一是从半湿润区向半干旱区过渡，二是从暖温带向温带过渡。总的特征是春季升温快、干燥多风，气温日较差较大，在10~15℃之间；夏季湿热、降雨集中；秋季凉爽、时间较短；冬季寒冷且漫长。日平均气温≥10℃的月份主要集中在5~9月，这一期间属于“雨热同季”，降水也比较集中。

科尔沁沙地的地域较广阔，降水空间分布为北部少南部多、西部少东部多，年平均降水量300~450毫米，其中全年降水量的70~80%集中在6~8月份。降水年际变化也很大，最大降水量606.5毫米，年降水量最低值为136.9毫米，蒸发量达2200毫米以上，多年平均湿度0.3~0.5，干燥系数1.0~1.8。年平均风速3~4.5米/秒，极大风速31米/秒，大于等于5米/秒的起沙风主要集中在冬春季节。风沙危害即是大风吹起并带动裸露于地表的沙粒形成风沙流而造成的。

其三，水土条件和主要植被类型。

科尔沁沙地地表水属于西辽河水系，其支流流经地域较广且河道相对较宽，是科尔沁沙地重要的地下水补给源。河流径流量主要集中在汛期，在降水少的月份断流现象比较常见，同时径流量年际变化幅度也非常大。沙地中还有常年或季节性湖、泡600多个，蓄水14亿立方米，但由于近年来无节制地采集地下水和降水的减少，超过半数以上的湖泊和泡子已经干涸。

科尔沁沙地土壤的主要类型为草甸土、风沙土以及盐碱土，现今分布面积最大的土壤是风沙土，主要分布在通辽市的科尔沁左翼中旗、开鲁县、奈曼旗、库伦旗、科尔沁左翼后旗和赤峰市的敖汉旗、翁牛特旗。风沙土质地较差，肥力弱、养分含量低，不太适宜植物生长。科尔沁沙地原生植被处于森林植被向草原植被过渡的类型，原生植被已经基本上被破坏殆尽，其余的大部分逐渐演变为草甸植被和沙生植被，比较典型的植物有：小红柳、羊草、麻黄、小黄柳、雾冰草、白草等。

科尔沁沙地历史上是一个农牧结合、以农为主的半农半牧区。自新石器时期以来，受水文、气候、游牧、农耕及战争等多种因素的综合作用和影响，随着激烈的历史变迁，生态环境也在不断发生变化，荒漠化趋势越来越严重。

### 2.1.2 科尔沁草原荒漠化的历史过程

伴随着农业文明的辉煌，是一系列沙漠化的足迹，工业文明创造的神奇生产力与日益严重的全球生态环境问题形成了鲜明的对比。“文明人走过地球表面，在他们足迹所过之处，留下一片荒漠。”①

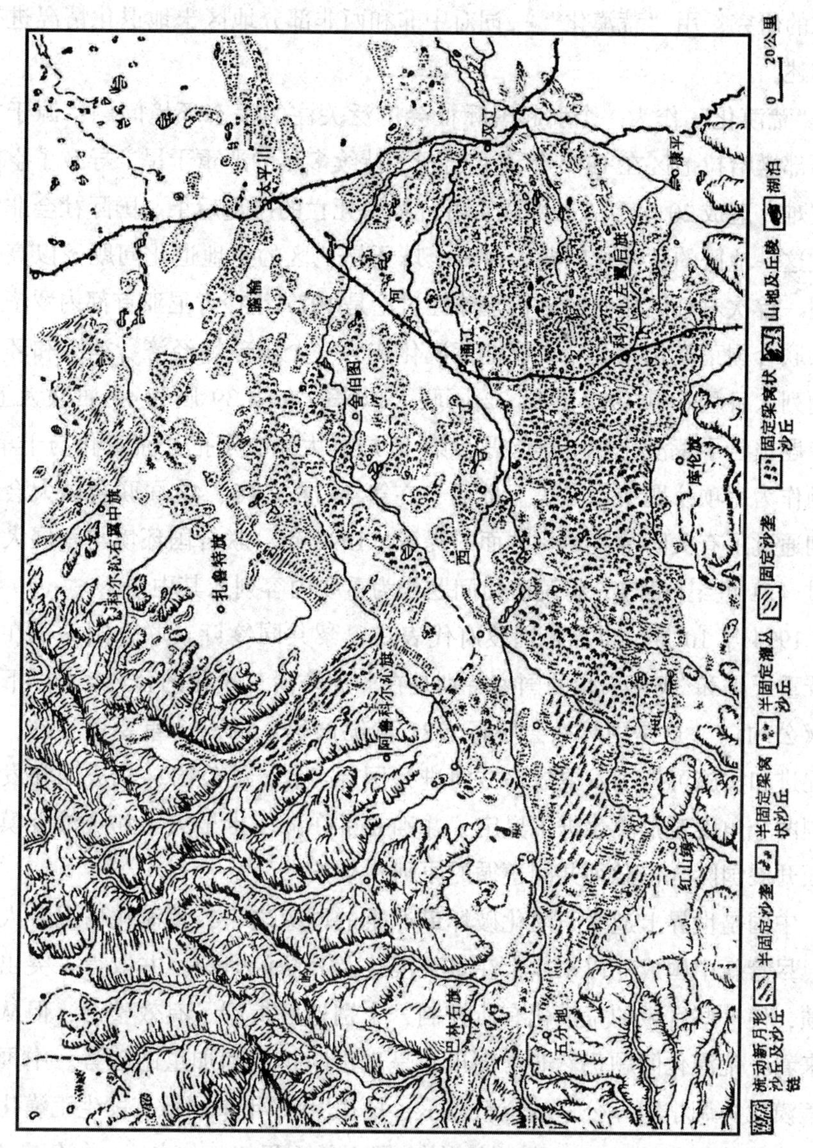


图2.2　科尔沁沙地分布图②

①[美] 卡特，戴尔．表土与人类文明 [M]．北京：中国环境科学出版社，1987：7.

②图片来源：董光荣．科尔沁沙地沙漠化的几个问题——以南部地区为例 [J]．中国沙漠，1994 (1)：2.

“荒漠化”（desertification）概念是由法国生态学家、植物学家 Aubreville 于 1949 年首次提出，基于对热带非洲的气候、森林以及人类活动相互关系的研究，用“荒漠化”一词对中非和西非部分地区土地退化情况进行了描述。

“荒漠化”作为一个引起国际社会广泛关注的生态环境问题，源于非洲西部撒哈拉地区在 1970 年前后出现了持续多年的严重干旱，导致了空前的灾难，造成 20 多万人和数以百万计牲畜死亡的严重后果。国际社会非常关注这一地区的荒漠化问题，并对全球干旱地区的土地退化问题予以高度重视。首次对荒漠化问题进行全球性讨论是 1977 年在肯尼亚首都内罗毕召开的联合国荒漠化大会，会议把荒漠化作为一个全球性经济、社会和环境问题列入日程。自 1977 年第 32 届联大以来，在第 39 届和 40 届联大上，均专题报告了荒漠化和干旱问题，第 40 届联大还决定把“荒漠化与干旱”问题作为一项议题予以考虑。此后，在第 44 届及 46、47 届联合国大会都分别通过了有关防治荒漠化方面的提案。1992 年，联合国环境与发展大会通过《21 世纪议程》，将荒漠化问题作为重要内容列入其中。

1994 年 10 月，世界各国政府代表在巴黎共同签订《联合国关于在发生严重干旱和/或荒漠化的国家特别是在非洲防治荒漠化的公约》（以下简称《公约》），这是国际社会履行《21 世纪议程》的一个重要里程碑，旨在促进和实施可持续发展战略方面进行国际合作。《公约》从成因和发生范围两个角度对荒漠化进了界定，并确立了在减缓干旱灾害和防治荒漠化方面开展国际合作必须共同遵循的原则和义务。

中国是世界上遭受荒漠化破坏最严重的国家之一，荒漠化情况令人担忧，尽管新中国成立以来非常注重荒漠化及其防治研究，并取得了突出的成绩，使一些区域的荒漠化有所控制，个别地区得到了有效整治，但从总体来看，荒漠化问题仍然非常突出，呈现不断扩展和加重的趋势。中国防治荒漠化协调小组办公室的资料显示，早在 1996 年中国就有发生荒漠化可能的地区总面积接近 332 万 $km^2$，约占国土总面积的三分之一。每年有近 4 亿人口受到土地荒漠化危害，因荒漠化造成的直接经济损失多达 540 亿元。

统计显示，进入到 21 世纪以来，党和国家在防止土地沙化和荒漠化方面采取的措施针对性较强，收到了显著的实际效果，形成了整体遏制、连续降低、功能增强的良好局面。然而不容忽视的严峻现实仍然摆在党和人民面前，土地荒漠化已经成为我国最为严重的生态问题，保护与治理任务依然艰巨，防沙治沙工作依然任重道远。①

面对如此严峻的荒漠化发展状况，我国政府高度重视荒漠化和沙化土地监测工作，根据 2015 年全国第五次荒漠化和沙化土地监测统计（截止 2014 年底），全国荒漠化和沙化土地情况如下图显示：

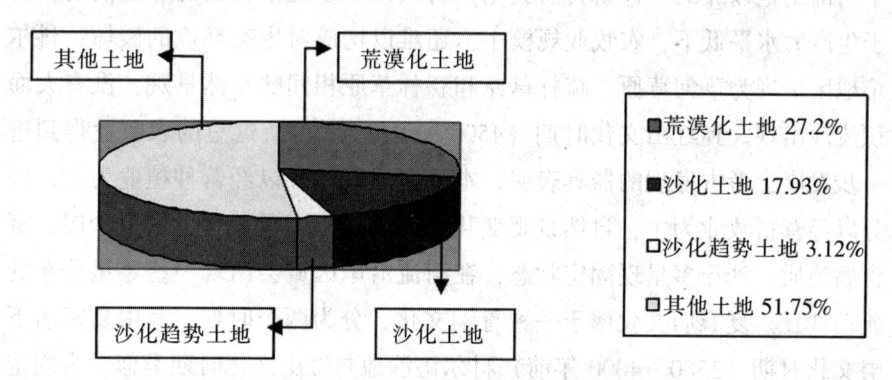


**图 2.3　全国荒漠化沙化土地情况（2015 年统计）**

目前，沙化土地的实际有效治理面积为 20.37 万 $km^2$，仅占到沙化土地总面积的 11.8%。对比 2009 年进行的第四次监测，全国荒漠化、沙漠化趋势均明显好转，出现了自 2004 年以来连续十年的“双缩减”，具体来说，荒漠化土地面积由 262.37 万 $km^2$ 减少到 261.16 万 $km^2$，净减少 12120 $km^2$，年均减少 2424 $km^2$；沙化土地由 173.11 万 $km^2$ 减少至 172.12 万 $km^2$，净减少 0.99 万 $km^2$，年均减少近 0.20 万 $km^2$。

科尔沁沙地作为中国面积最大的沙地，是在东北平原近代开发和发展过程中逐步形成的。曾经的科尔沁草原历史上是“地沃宜种植，水草便畜牧”的好地方，呈现为湖泊众多、林草茂盛的自然景观，属于传统的宜农宜牧地区，直到清朝初年，还是“长林丰草，马驼牛羊之孳息者，岁以千万计”的肥美草原。

根据土壤剖面、考古发现以及历史资料考证，科尔沁草原荒漠化经过了一个复杂而又漫长的历史演变进程，呈现为发展——恢复——发展的态势。科尔沁沙地在地球第四纪时期就已经形成，并且多次经历了“固定与活化”的正逆过程。考古学上的新石器时代相当于地质学上的全新世，距

①第五次全国荒漠化和沙化土地监测情况发布会要点［EB/OL］. http：//www.dzwww.com/xinwen/guoneixinwen/201512/t20151229_ 13590190.htm.

今一万二千年，随着地球第四纪冰期结束，全球气候变暖，科尔沁地区植被繁茂，科左后旗大青沟的植被就是全新世的孑遗。距今八九千年以前科尔沁沙地开始出现人类活动，这一时期在考古学上属于新石器时代早期。距今七千二百年以前的兴隆洼文化期（通辽市西南部、赤峰市南部以及辽宁西部山地以北的一种新石器文化）首次出现了规模较大的农业活动，由于生产力水平低下，农牧业规模小，还难以构成对生态环境的破坏，科尔沁地区呈现为草甸草原、疏林草原和森林草原相间的自然景观，没有大面积流沙出现。到红山文化时期（4500～6000年前），这里的农牧业得到进一步发展，考古发现的器具表明，本地区居民部分以经营种植业为主，部分以经营畜牧业为主，自然景观变化不大，沙土上覆盖着一层黑沙层，富含腐殖质，沙丘多呈现固定状态，在河流沿岸区域会出现一些零星分布的流动沙丘。夏家店文化属于一种青铜文化，分为两个时期，其中夏家店下层文化时期（3500～4000年前）科尔沁沙地与红山文化时期类似，为固定沙丘所覆盖，植被非常发达，呈现为森林草原与疏林草原相间的自然景观；夏家店上层文化自西周初期至战国初期，经济类型为畜牧兼农业及狩猎，本地区森林草原面积出现萎缩趋势，植被生长受到一定影响，一些个别地区和河流沿岸出现了呈带状和块状分布的流动沙丘。

进入到青铜器时代以后，直至秦汉时期，本区居民基本转为以种植业为主的生产方式，并且农耕十分繁忙，自然环境受到人类较大规模破坏，使得科尔沁沙地由风沙稳定期转为风沙活跃期。汉朝建立以后一直到契丹建辽以前的一百五十多年的时间里，本区相继为匈奴、乌桓、鲜卑等少数民族统治，是自然环境较好的“辽泽”，畜牧业兴旺，种植业衰退，人烟稀少，破坏较轻，大面积的平沙地上生长着乔木、灌木以及草本植物，成片的湿地和大量湖泊在疏林草原上分布，科尔沁沙地又得到了恢复。

在辽宋时期，尤其是辽建国（公元915年）初期，大批汉民北迁，建立州县开荒垦殖，充分利用科尔沁肥沃的土地，促进了农业的巨大发展。辽代中期出现了一些沙化地带，但大面积的沙化还没有出现。然而到了辽代晚期，随着人口增多开垦面积增大，导致本地沙化面积日益扩大。这一时期成为科尔沁沙地变化最大的时期，由于大规模的农事活动造成本地区沙漠化的严重发展，植被破坏严重，流沙泛起。

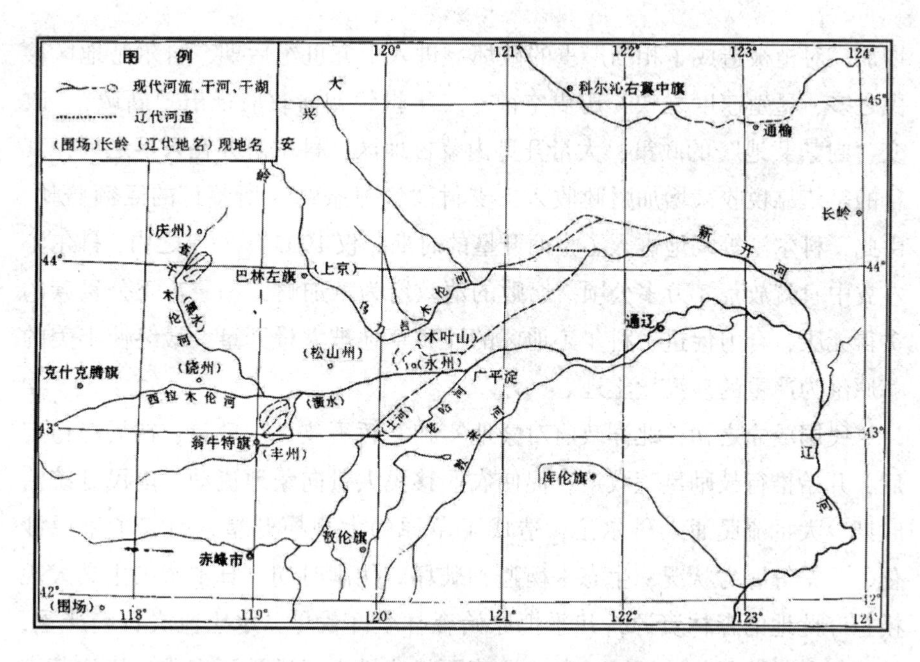


图 2.4　辽代西辽河流域沙漠化土地分布①

13 世纪以后，元明王朝政治中心南移，这里又基本成为蒙古族的活动范围，渐渐恢复了游牧业生产方式。到 17 世纪清朝初期，这里又成为“长林风草”的优质草场。18 世纪初，清政府开始向该地区大量移民，大批河北、山东移民前来开垦落户，经济结构逐渐转化为半农半牧的形态。随着沙质草原被大面积开垦，风沙侵害开始出现，并严重影响了农业耕作。人们于是转而开垦其他沙地，之后又弃之不用，陷入恶性循环，植被受到破坏，表层沙土出现松动，半流动和流动山丘开始活跃起来，并逐渐扩展成片，最终导致沙漠活化。

在近 200 年的时间里，尤其是进入到 20 世纪后，科尔沁沙地荒漠化迅速发展，势头惊人。由于受人口增加、人类活动强度不断加大等因素的影响，人们不得不无所节制地掠夺自然资源，以满足生存的需要，使自然界不堪重负，生态系统受到严重破坏，导致荒漠化问题进一步凸显。在 18 世纪中期，为缓解河北、山东、山西等地区旱灾压力，同时为了抵御沙俄的侵略，清政府实行“借地养民”和“移民实边”的政策，使垦荒面积迅速

---

①图片来源：王守春．10 世纪末西辽河流域沙漠化的突进及其原因［J］．中国沙漠，2000（3）：239.

增加，对植被造成了相当严重的破坏。进入十九世纪后期，科尔沁地区移民之多、垦殖速度之快，历史空前。二十世纪初清政府推出“新政”，改变“封禁蒙地”的政策，大量开垦内蒙古地区，科尔沁亦在开垦之列，其目的是依靠税收来增加财政收入，支付“辛丑条约”所签订的巨额赔款。由此，科尔沁等蒙地进入了全面开垦的时期。仅1907年一年之内，科尔沁左翼中旗就放荒8万多公顷。腐败的清政府为增加财源和蒙古王公贵族的贪得无厌，合力促进，科尔沁地区的沙质草地被大量开垦，最终使丰美的草原沦为严重的沙漠化土地。

民国成立之初，北洋政府对蒙地实施“暂不放垦”政策，待局势稳定后，开始推行鼓励垦荒政策，促使农业移民大量向蒙地流动。国民党统治时期，大批流民涌入科尔沁，造成了草原的大规模开垦，引起了草原沙化、干旱等恶劣状况，生态平衡遭到破坏。伪满时期，日本帝国主义大规模掠夺此地的森林资源，几乎把原始森林全部伐尽，水土流失日趋严重，沙化现象不断恶化，肥美的科尔沁草原就这样由于滥垦而变成一块块荒漠沙地。

新中国成立以后，科尔沁沙地又遭遇了再一次大规模垦荒。科尔沁沙地耕地面积的动态变化及其趋势特征，与内蒙古自治区成立以来的垦荒活动的兴衰和自治区耕地面积变化具有很大的相似性。新中国成立以来，内蒙古经历了四次垦荒高峰：新中国初期的经济恢复时期、三年困难时期、十年动乱时期以及始于20世纪八十年代末期并持续至今的第四个高峰期。这种模式就是大力发展农田，不断提高农田产量，以此来提高居民收入，改善贫困状况。然而，历史和现实均已证明，在生态极其脆弱环境十分恶劣的草原地区，农耕是对于草地破坏最为迅速的生产方式，往往会造成草原不可逆转的退化，最终酿成荒漠化。经历一个多世纪的三次大规模垦荒，致使那些局部存在沙化的大面积疏林草场，迅速地大规模发展和演变为当前所见的科尔沁沙地。到20世纪50～70年代，科尔沁沙地已经成为中国北方土地荒漠化最为严重的地区之一。

## 2.2 科尔沁沙地生态治理的必要性和重大意义

荒漠化给科尔沁沙地带来了严重的影响，致使农牧业生产条件和自然环境出现不断恶化的趋势，旱涝灾害逐渐加剧，生物多样性减少，土地生产力呈现下降趋势，破坏居民生存环境，影响边疆稳定，危害国土安全。当前，我们进入社会主义历史新时代，加大对科尔沁沙地的治理力度，对于改善当地以及周边地区生态环境、提升生态生产力进而提升生态系统的服务价值，改善居民生产生活自然条件，最终实现人与自然和谐发展的社会建设目标，对于实现民族团结、筑牢中国北方生态安全屏障、建设边疆安全稳定屏障具有重大现实意义。

### 2.2.1 改善生态系统功能，提升生态生产力

联合国防治荒漠化公约对荒漠化给出了明确的定义，即指包含人类活动和气候变异等多种因素的综合作用下而造成的干旱、半干旱以及亚湿润干旱地区的土地退化现象和过程。在生态系统方面，我国森林、湿地、荒漠三大系统虽然占到国土总面积的 63%，但退化现象严重。森林分布碎片化、功能不强的问题突出；湿地生态系统退化和减少的趋势仍在持续，还有近一半未得到保护；荒漠的生态系统问题愈来愈严重，沙化土地的面积占到了国土面积的 18%。[①]

伴随着植物——土壤的平衡被破坏，在土地沙漠化、荒漠化的过程中，珍贵的土壤陷入了逐步退化的恶性循环。由于不良的人类活动方式引起了水土流失，水土流失导致土壤退化，而退化了的土壤只能维持少数植物生长，越来越少的植物生长进一步导致土壤退化。土壤恶性循环的特点其结果就是土壤肥力的完全丧失，极端盐碱化、沙漠化、荒漠化是典型形式。

在内蒙古分布着四大沙漠和四大沙地，自西向东分别是巴丹吉林沙漠、腾格里沙漠、乌兰布和沙漠、库布齐沙漠等四大沙漠和毛乌素沙地、浑善达克沙地、科尔沁沙地、呼伦贝尔沙地等四大沙地。根据第四次全国荒漠化和沙化监测的结果可以看出，截至 2009 年全国荒漠化土地总面积，占国土陆地总面积的 27.33%，而内蒙古自治区荒漠化土地面积高达 64 万 $km^2$，占全区土地总面积的 60%，比全国高 33 个百分点。而且荒漠化面积仍以每年 1000 多万亩的速度扩展，内蒙古已经成为世界上荒漠化危害最为

---

①赵树丛. 全面提升生态林业和民生林业发展水平为建设生态文明和美丽中国贡献力量 [J]. 林业经济，2013 (1)：3－8.

严重的地区之一。

科尔沁沙地的生态系统是十分脆弱的，基本上都不适合进行农垦。一旦生态系统中的自然植被受到破坏，就难以恢复。因为科尔沁山地处于干旱和半干旱地带，动植物种类相对较少，多数区域是成沙母质，并且风大而多，还有严重的鼠虫害。如果稍有不慎，就会使地表植被遭到破坏，分散疏松的砂性物质，受到风力的吹扬，很短时间内就会形成一大片半固定的沙地或是流动的沙漠。

伴随荒漠化蔓延，科尔沁沙地生态系统退化严重，主要表现在草原生态系统退化、水生态系统退化、生物多样性锐减。近百年来，伴随着人口的快速增长，广大牧民盲目追求经济效益急于增加牲畜存栏头数，造成草场载畜能力严重超支，草原“三化”即草原退化、沙化、盐渍化现象严重，牧草不能正常生长发育，草场质量严重下降，土地生产力退化严重，生态环境急剧恶化。

其一，草原生态系统退化。由于受季风转换和沙地基质的影响，科尔沁草原沙化程度日益加重，流沙面积由解放初期的 300 多万亩，在短短的 20 年后急速扩大到 700 万亩，还有半流沙 1500 万亩，水土流失和土地沙化问题在多数旗县都不同程度地存在。科尔沁沙地中的通辽市，荒漠化土地已从 20 世纪 50 年代末占总土地面积的 20% 左右，及至 70 年代增加到 53. 8%，增加面积达 33. 8%。80 年代末期进一步增加到 77. 6%，年均荒漠化速度高达 1. 92%，由此可见，其荒漠化蔓延的速度十分惊人。通辽市科尔沁左翼后旗，1956 年沙化面积 1. 2 万公顷，随着人口增多不合理的开发利用，到 1972 年沙化面积扩大到 12 万公顷。这种大面积的土地荒漠化导致现有可利用的土地资源大幅锐减，生态系统的生产潜力急剧下降。20 世纪末，科尔沁沙地主体所在通辽市草原“三化”严重，植被覆盖度低至 15% 以下，碱化裸露程度高达 90%。

其二，水生态系统退化。科尔沁沙地处于北方半干旱地区，最严重的生态问题是草原的沙化和退化问题，而水资源问题是制约当地牧区生态建设和经济发展的重要因素。西辽河及其上游支流修建了几座水库，由于长期拦截蓄水造成下游的地下水位不断下降，致使一些湖泊、池塘和河流干涸，使生态环境受到严重影响，一部分山丘就逐渐活化起来。特别是近几十年来，气温上升、风力增强、降水减少的现象加重了该地区气候的恶化程度。

根据史料记载，科尔沁沙地在百年前分布着大量的湖泊、池塘和水泡，草木繁茂，充满活力，甚至高大的沙丘上也生长着杏树、榆树、柳树和杨树等成片的乔木，人们根本不需要通过引水或挖井的方式来进行浇地灌溉。

科尔沁沙地的地表水主要由河流、湖泊、池塘和低地处的积水组成。科尔沁沙地北侧、西侧和南侧的山地丘陵地带的降水通过地表径流汇集在一起，成为河流。雨季降水集中，经常出现洪水，雨季一过，降水骤减，出现断流。

科尔沁沙地主要的外流水系为辽河水系，其最大的上游西辽河干流长 827km，流域面积 14. 18 万 $km^2$。西辽河上游为老哈河，发源于七老图山，经赤峰市东南部、通辽市，在辽宁省康平县与东辽河会合。支流还有叫来河、西拉木伦河、乌力吉木仁河等。由于整个区域上游和下游之间存在着较大的落差，导致河流下泄的时间短、流速快、流量大，往往会使河流出现改道现象，使下游的湖泊低地受到冲灌。20 世纪 60 年代末，科尔沁沙地有 30 至 40 亿立方米的地表水，其中湖泊、池塘等相对稳定的地表水源超过 20 亿立方米，还有一小部分为沼泽和湿地。这些地表水比较均匀地分布在各地，向上补充天水，向下供应地下水，形成水源互补循环系统，起到了调节气候的作用。

据通辽水文站相关文字记载，科尔沁地区地表水流流量逐年减少，1951—1959 年科尔沁草原地区地表水流流量为 13. 12 亿立方米，1959 年底科尔沁沙地面积占科尔沁草原的 22%。1960—1969 年科尔沁草原地区地表水径流量为 9. 49 亿立方米，1970—1979 年为 0. 98 亿立方米，1980 年后为 2. 895 亿立方米。直到 90 年代末，科尔沁沙地面积占科尔沁草原总面积超过一半以上。由于地表水流径流量减少，科尔沁草原一半以上的湖泊、河流干涸，导致土地肥力下降、农作物减产。

科尔沁沙地从 20 世纪 50 年代到 80 年代，平均降水量一直呈下降趋势。自 1998 年以来，科尔沁地区进入自然降水干旱期，五年间降水量下降近 400 毫米，全区减少水源约十亿立方米，湖泊个数和面积都减少了 30% 左右。位于科尔沁沙地中心地带的奈曼旗，地表水仅剩原来的 20%，中小型湖泊和湿地全部都干涸一空，河流也都全部断流。五百年来曾经以水质洁净、物产丰富而闻名遐迩的奈曼西湖，已沦为风沙源地；许多滩地草原都被沙漠掩埋，自然降水连年减少，地下水位下降明显，有的地方水位下降甚至超过了三米。

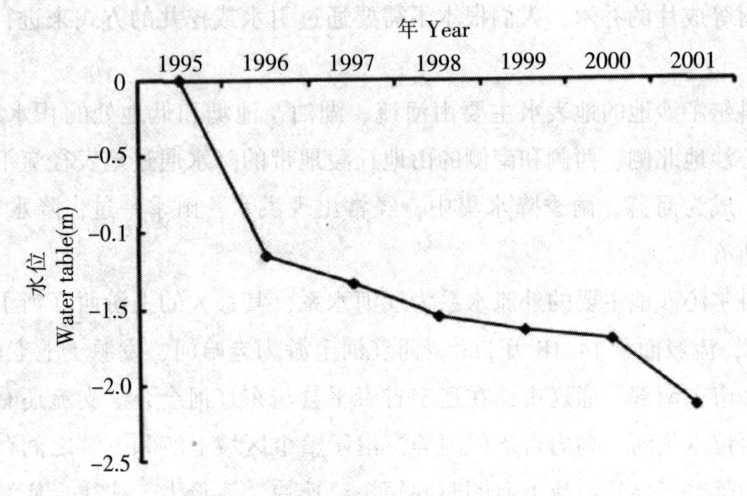


图 2.5　通辽市奈曼旗西湖水位变化

科尔沁沙地的自然降水具有以下四个特点：一是降水主要集中在夏季；二是年际间降水量差异较大；三是降水强度差别非常大；四是局部地区积云性降水量次比率接近 50%，自然降水空间分布严重不均，经常出现“隔河不阴天，隔路不下雨”的现象。

科尔沁沙地水生态系统的退化体现在以下三个方面：一是水源涵养功能逐渐下降，具有利用价值的地表径流量减少，与之相适应的水资源量也随之减少；二是生活污水和工业废水以及水土流失等使地表水受到严重污染；三是过度开采和不合理的利用地下水，导致地下水位下降，内陆湖泊面积萎缩，河流断流现象时有发生，地下水位逐年下降。随着气候的恶化和降雨的减少，水资源的恶化和生态的恶化日益加剧，科尔沁沙地的环境系统正逐渐步入恶性循环的怪圈。①

科尔沁沙地自然降水的减少是水源危机的直接原因，但其根本原因是很长一段时间内不能科学利用水源，科学治理、改造和保护水源，而使一些能够导致水源恶化的因素起了主导作用。长期以来农业种植采取大水漫灌的做法既造成水资源浪费，又造成土地盐渍化加剧。水源恶化的诸多事

①王育军，姚腾飞，郭洪莲. 浅析科尔沁沙地水源危机成因及消除对策［J］. 内蒙古民族大学学报，2011（5）：36－38.

件，长期量变积累，促成了水源恶性质变。地表水在逐渐减少，势必造成地下水位的降低，进而土地的干旱和缺水现象进一步加重。各地开始采取修建水库贮水的方式来弥补水源不足，通过挖井来大量取用地下水，这些不恰当而又无节制的做法使水源恶化进一步加剧，导致下游出现水量减少甚至河水断流的现象，在赤峰市红山区、元宝山区以及通辽市科尔沁区形成地下水“漏斗”沉降区。地表湿地面积缩小乃至消失，植被衰败死亡，地下水位下降，生态恶化，全裸半裸地面相继形成。恢复和改善草原生态，水资源是重要支撑和保障。

新的历史时期，在牧区发展水利，已经成为科尔沁沙地水利建设的当务之急和重要任务，同时也承担着恢复和保护草原生态、发展牧区经济、全面实现牧民生活进入小康社会的历史责任。

其三，生物多样性减少。多样性作为一个生态学概念，主要是指生物多样性，具体包括三个方面：首先是指遗传的多样性，即每个物种都具有不同的遗传特性，都会包括很多品种、品系以及变种和亚种等；其次是指物种的多样性，即地球上的所有生物的丰富程度；再次是指生态系统的多样性，即生物与它自身生活的环境互相影响、互相作用而形成的复合体存在着较大的差异性。

生态学的理论认为，生物多样性是稳定、有序和进化的生物圈的基础。特定物种的特定遗传特征必须存在于特定的生态系统中，对于某一生态系统来说，它的物种越多，其生态系统就越具有高程度的网络化结构，也就具有越强的异质性，因此就有非常密集的渠道供信息、物质以及能量输入输出，健全的代谢功能和补偿功能，会使受到损坏的部分很快完成自我修复，从而使生态系统保持相对的稳定性和有序性。

物种作为自然生态系统的主要组成部分，是人类潜在的生存资源，物种的盛衰是衡量生态状况的主要标志。由于各物种间都是相互关联的，某些物种的变化会影响到其他相关物种的生存与发展，特别是当这种变化达到一个危险值的时候，整个生态系统都会受到影响甚至会崩溃。

草原是以禾草植物为主的植物群落，具有多年生、旱生和丛生的特点。它属于温带地区分布比较广泛的陆地生态系统，植被具有鲜明的地带性。草原生态系统的基本特征主要表现在：第一，具有非常复杂丰富的生物异质性和多样性；第二，旱生植物在植物种类构成中占有较大的优势；

第三，其结构具有多层次性，比较复杂；第四，食物链（网）比较复杂，能量流动持久而稳定；第五，生态效益持久、稳定，价值高。

草原植被的物种多样性是保持草原生态系统功能完整性的基础。绿色植物是生态系统中的生产者，一般而言，草原植被的物种多样性会相对简单一些，但这一生态系统在每平方米的范围内，也会有种子植物 20 余种。此外，生态系统中还广泛分布着昆虫、微生物以及植食动物和肉食动物等，这些物种是草原生态系统食物链的主要构成环节和主要成分，对于促进草原生态系统正常发挥功能起到了关键作用。草原生态系统还具有一定的特殊性，即其独特的植被类型是在特定的气候条件下形成的，植被类型的物种多样性比较低下，相对简单的食物链很难抵御外界环境的干扰，反馈的能力也非常有限，整个系统显得非常脆弱，当其自我调节功能无法承载外界环境所施加的压力，就很有可能造成系统崩溃甚至瓦解，恢复起来也非常困难。森林的破坏和草皮的损毁，使各种动物和鸟类失去了庇护，同样也令各层级的消费者没有了食物来源，最终的结果必然是动物逐渐消失，直至灭绝。

目前科尔沁沙地所面临的各种生态问题，已经严重威胁到了生物多样性的保持。例如，建国初期对草原狼的大量捕杀，使其几乎灭绝。旱獭、狐狸等中小动物大量减少，鹰、鸨、秃鹫、雕、猫头鹰、鹤类、鸿雁等珍禽急剧减少。据测算，20 世纪 50 年代，平均 5 ~ 7 平方千米有鹰、雕或猫头鹰一只，基本可以控制鼠害；到 80 年代，100 平方千米也见不到一只鹰或一只猫头鹰。由于没有了天敌，鼠、兔等啮齿类动物大量繁殖，提高了鼠害发生的频率，加重了灾害的程度，使草原不堪重负，承载能力大大下降。由于过度放牧、挖土取石、土地盐渍化及沙化所造成的草原植物物种的锐减，野生动物数量、种类迅速减少，有些濒危物种几近灭绝。有些人甚至为了金钱、欲望和所谓的情趣，使用现代化的狩猎工具，或者投放毒药，不择手段地杀害各级各类国家保护动物。显而易见，科尔沁沙地的生物多样性问题已经达到了危险的临界点，如果任其发展下去，生态系统平衡的维系就很难做到了。物种的消亡使人类的生存环境不断恶化，与此同时，环境的恶化也在一定程度上加剧和助推了物种的灭绝。

进入新世纪，科学家们面对生态环境继续恶化的趋势，又一次发出警告：在人类的主导下，物种即将迎来第六次大灭绝，到那时，在生物链中处于顶端位置的人类也将难逃厄运。地球并非是在某一单一生物的作用下而形成的产物，同样也不是众多生物在彼此孤立的情况下发生作用而形成的产物，而是生物多样性共同作用的结果。生物多样性所具有的保护功能是维护特定区域内生态系统平衡的基础。任何物种的灭绝，对人类而言都是无可挽回的重大损失。没有生物多样性的包括“人工草地”和“人工林”在内的生态建设是一种不具有安全保障的投资。所以，保护生物的多样性就是保护生产力、保护文明的生存环境和地球这一人类共同的家园。

面对严峻的生态恶化现状，科尔沁沙地开展生态治理加大治理力度已刻不容缓。历史上著名的楼兰古国的消失，为科尔沁沙地生态危机敲响了警钟。生态兴则文明兴，生态衰则文明衰。[①] 必须积极推进科尔沁沙地生态治理，使恶化的生态系统逐渐恢复其功能，提高生态生产力水平，实现生态系统良性运转。

### 2.2.2 改善居民生产生活环境，实现人与自然和谐发展

土地荒漠化是科尔沁沙地当前特别严重的生态环境问题，具体表现为沙化土地的急速扩张和沙尘暴频发，对自然环境造成极大破坏，严重影响当地居民以及周边地区居民的生产生活。

在科尔沁沙地沙尘暴频繁爆发。沙尘暴能够沙埋或刮走大片农田沃土，加剧土地荒漠化，它所携带沙砾的强劲气流具有最为直接的毁灭性，会对气候和生态系统产生重要影响。在一年内，沙尘暴、强沙尘暴和特强沙尘暴集中出现在 3 至 5 月，4 月最多。内蒙古目前有 1 个沙尘暴多发次大值中心，就位于科尔沁沙地，具体位置在兴安盟科尔沁右翼中旗的高力板，为期长达 66 天。形成沙尘暴的因素主要有三个方面：第一，地面上需要有一定数量或规模的沙尘颗粒，也即物质条件；第二，沙尘被大风吹起，在上升气流的作用下被输送到高空中，之后在中低空气流的作用下被运送到较远的地区。在“运输”过程中伴随沙尘沉降，为沿途地区“制造”了沙尘天气。可以说，大风是沙尘暴得以远距离输送的动力来源。第三，干旱的气候环境以及不稳定持久的空气状态，这是沙尘暴产生的根本原因，而干预陆地表面特性的人类活动，如：过度放牧、过度垦荒、滥伐

---

①中共中央文献研究室．习近平关于社会主义生态文明建设论述摘编［M］．北京：中央文献出版社，2017：6.

森林植被、工矿交通建设等，在一定程度上也加剧了问题的严重性。

由于人类现有的科技条件仍然无法控制气流、强风等自然现象，所以只要沙源存在，沙尘暴就不会消失。研究表明：植物影响风蚀，一是阻止土壤和沙尘等物质的移动；二是使地面上的风动量受到一定程度的疏散；三是气流与沙尘被有效阻隔，减少了二者之间的传递。植被覆盖状况的好坏，与沙尘暴发生的频度密切相关，植被覆盖度越低，就越会增大地表土壤为强风提供沙尘的概率。因此，发生沙尘暴频率较高的地区基本上都是沙化比较严重的地区。所以，人类可以通过增加植被盖度来减少沙尘暴发生的物质条件，减少、减缓、减轻沙尘暴发生的频率和程度，尽量缩小它所带来的负面影响。

影响居民生产生活的另一个重要因素就是草原沙化现象严重。据调查，通辽市现有"三化"草原面积281.1万公顷，其中，132.9万公顷为退化草地，占草地总面积的38.9%；121.3万公顷为沙化草原，占草地总面积的35.5%；26.9万公顷为盐渍化草原，占草地总面积的7.9%。由于受到季风转换以及沙地内在基质的影响，沙化问题变得极为严重，个别地区甚至出现荒漠化的趋势。同时，受地面植被破坏的影响，水文条件也会发生变化，地下水位开始上升，造成土壤盐渍化。受到滥垦、滥牧和滥樵等人类活动的强烈干扰，科尔沁沙地草场、植被严重退化，群落结构简单化，土壤沙化碱化日趋严重，多年生牧草逐渐减少，一年生草以及有害性的植物不断增多，植被盖度和草层高度及产量都严重降低，载畜能力差。目前科尔沁沙地重度退化草场每亩干草产量仅达到100千克左右，产量不到正常草场的1/3，草高由1.5米降到0.50~0.60米，而且草群质量明显下降。昔日"风吹草低见牛羊"的草原变成了"老鼠跑过现脊梁"的沙地。据科尔沁沙地腹地奈曼旗调查结果显示，草地退化面积占全旗可利用草地的90%以上，其中严重退化面积达25%以上，原生植被已基本受到破坏，取而代之的是不同演替阶段的沙地次生植被。长期持续的风吹沙打造成不耐风沙的植物物种消亡，过去0.47~0.67公顷可养一只羊，现在则需1.33~2.0公顷才能养一只羊，草场载畜能力急剧下降。对于广大牧民而言，畜牧业生产受到严重影响。

天然草场是牲畜生存和繁殖培育的场所，但由于长期过度放牧和牲畜严重的践踏，使土壤板结，表土层沙面变得疏松裸露，造成草场局部出现明沙，阻碍了牧草的生长发育，使草原生态系统无法实现自我调节，最终导致生物产量降低、草场出现退化。沙地疏林草场中，乔木层消失或变成灌木状，下层植被中多年生植物种类减少，一年生草逐渐占据主导地位。根据对奈曼旗沙日塔拉苏木草场进行调查显示，260 公顷草场中，临近村子的草场大都破坏严重，其退化程度已超过国家制定的标准，基本不具备放牧的条件了。①

科尔沁沙地恶劣的自然环境，造成了一系列严重的矛盾和问题，其中，人与自然环境之间的矛盾日益尖锐，人地冲突造成人与人之间、政府与民众之间、工业与农牧业生产之间产生矛盾，由此引发生产发展、生存危机、严重的贫困等一系列社会问题。自然界是人类赖以生存的家园，为人类提供生产生活所需的物质资料。然而，科尔沁沙地恶劣的自然环境，对于广大民众的生产生活造成了极为不利的影响，容易导致居民收入减少生活陷入贫困的境地。由于地下水位下降、水质下降，居民生活用水以及工业用水、农业灌溉、牲畜饮用均受到严重影响，水源缺乏造成畜牧业生产发展后劲不足。由于沙尘暴频发，影响工农业、畜牧业生产，对人们的生活造成极大不便。每年冬、春两季，出现流沙肆虐、风蚀农田的情况，甚至侵入院舍、淹没道路。而且由于人与自然矛盾的加剧导致人与人之间矛盾多发，容易引起一系列社会问题，产生“要环保”还是“要温饱”之争，造成经济发展与保护环境之间的矛盾。比如，生产要素之间的矛盾极易引发人与人之间的矛盾，耕地、草地、林地之间的矛盾、农业生产与畜牧业生产之间的矛盾引发不同利益主体之间的冲突，极易造成农牧民之间的矛盾。政府在执行“退耕还林还草”“生态补偿”“生态移民”等措施的过程中，极易造成民众不满引发社会矛盾。

科尔沁沙地开展科学合理的生态治理，有利于改善人居环境，满足居民对于干净的水、清洁的空气、蓝天白云等优美生活环境的需要，有效化解人与自然之间的矛盾，实现人与自然和谐相处。

### 2. 2. 3 筑牢中国北方生态安全屏障和安全稳定屏障

早在 2014 年 1 月，习近平总书记考察内蒙古时，就对内蒙古各族干部

①庄周，赵美丽．科尔沁草原沙地治理途径的探讨［J］．内蒙古林业科技，2007（1）：51 – 52.

群众给予“守望相助”深切嘱托，强调要努力把内蒙古建设成为我国北方重要的生态安全屏障，把祖国北疆这道风景线打造得更加亮丽。[①] 2019 年 3 月 5 日，习近平总书记参加内蒙古代表团讨论时，关键词是“生态文明建设”，强调要保持生态文明建设的定力，加大生态系统保护力度。[②] 按照习近平总书记的指示，要把内蒙古生态文明建设上升到国家安全战略高度加以审视，实现“两个屏障”建设，即筑牢我国北方生态安全屏障和建设祖国北疆安全稳定屏障建设，推动新时代科尔沁沙地生态治理再上新台阶。

第一，加强科尔沁沙地生态文明建设，有利于维护国家安全，筑牢中国北方生态安全屏障。作为国家安全的重要组成部分，生态安全关系到国家主权的独立、社会的稳定发展和公民生存权的保障。科尔沁沙地生态治理目前正处于进则胜、退则败的关键时期、攻坚时期，进一步加强生态治理就会持续实现生态系统良性发展，再现蓝天碧野的草原美景，如果稍有松懈，就会再度陷入荒漠化的窘境，威胁到周边临近地区的生态环境改善。科尔沁沙地作为北方重要的生态功能区，是距离北京最近的沙地，建设人与自然和谐相处的生态环境，实现生态系统良性循环，不仅直接关系到北京、天津、沈阳、长春等城市的环境保护和改善，也关系到京津冀、环渤海湾以及东北、华北地区的经济发展与生态环境安全。因此，要从国家安全战略高度重视科尔沁沙地生态治理，推动实现生态治理良性发展，筑牢我国北方这道生态安全屏障。

当前，气候变化逐渐成为影响中国生态安全的突出问题，并导致了雾霾、沙尘暴、持续高温、干旱等极端天气出现频率上升趋势。若要应对气候变化，有效途径之一就是提高植被固碳能力，需要增加森林、草原面积。科尔沁沙地生态治理，统筹山水林田湖草综合治理，大力植树种草，提高植被盖度，使沙地披上绿装，可有效提升固碳能力，发挥防风固沙作用，调节气候、净化空气、改善水土，构筑中国北方生态安全屏障。科尔沁沙地沙化严重，受风沙天气影响，极易造成狂沙漫卷，侵害耕地和牧

---

①习近平赴内蒙古调研向全国各族人民致以新春祝福［EB/OL］. http://www.xinhuanet.com//politics/2014-01/29/c_119185638_6.htm.

②习近平的两会时间丨在内蒙古团，习近平又强调了这个关系每个人的重要问题［EB/OL］. http://www.xinhuanet.com/video/2019-03/07/c_1210074919.htm.

场，影响粮食生产和畜牧业发展，威胁到东北粮食种植基地，对于粮食安全和食品安全构成威胁。以尊重自然、保护自然为前提，积极推动科尔沁沙地生态治理，有助于推动畜牧业良性发展，可有效维护食品安全和粮食安全。

第二，科尔沁沙地生态文明建设有利于实现民族团结，维护社会稳定，构建祖国北疆安全稳定屏障。科尔沁沙地居住着蒙、回、满、朝鲜、达斡尔等众多的少数民族，是典型的生态环境脆弱区，同时也是全国特殊贫困地区，发展经济与环境保护之间矛盾尖锐，面临打赢“污染防治”和“精准脱贫”两大攻坚战的艰巨任务，生态治理与发展经济和保护环境之间的关系处理得当与否直接关系到经济发展、民族团结和社会稳定。科尔沁沙地生态治理过程中，各种矛盾和问题层出不穷，极易造成不同民族之间的利益冲突，甚至上升到民族问题的层面。特别是西方一些国家惯用将环境问题和民族、宗教问题相联系的伎俩挑起事端，企图利用环境问题打击、遏制中国的发展；国内一些民族分裂主义分子也以民族权利名义借助环境问题制造事端，形成民族隔阂，进而影响北部边疆少数民族地区的和谐与稳定。因此，科尔沁沙地加强生态治理，科学合理解决人与自然、自然与社会、经济发展与环境保护的矛盾和问题，对于推动当地及周边地区经济健康发展、实现民族团结、维护地区和谐、保障社会稳定具有非常重要的现实意义。

科尔沁沙地开展生态治理，一方面，要大力开展民族团结教育，防止民族分裂主义借助生态补偿问题、环境污染问题，制造民族事端、破坏民族团结的情况；另一方面，要科学制定科尔沁沙地生态治理的各项制度，依照最严格的法治，继续坚定推进科尔沁沙地生态治理的步伐，保持生态文明建设的定力，巩固目前已经取得的有效成果，持续推进、久久为功，构建祖国北疆安全的稳定屏障。

## 2.3 科尔沁沙地生态治理的理论依据

科尔沁沙地荒漠化经历了一个漫长的历史过程，20 世纪其荒漠化进程加快，导致自然环境恶化，出现了人与自然之间的尖锐矛盾。进入 21 世纪，面对日益严峻的自然生态恶化局面，人们进行深刻反省，积极探寻解决人与自然矛盾的有效途径，以顺应自然、保护自然为前提，加强对科尔沁沙地的生态治理。科尔沁沙地生态文明建设需要正确理论的指导，在马克思主义生态文明理论的视域下，探索科尔沁沙地生态治理的有效路径，必须坚持正确的思想理论为指导。立足于马克思主义生态自然观，以中国特色社会主义生态文明建设理论和习近平生态文明思想为理论基础，合理吸收中国传统文化中的生态伦理观念，挖掘蒙古族传统文化中蕴涵的生态智慧，探寻构建科尔沁沙地生态文明建设的理论依据。

诞生于19世纪40年代的马克思主义，其创始人马克思和恩格斯，以人类命运为己任，通过分析工业社会生产方式的弊端，创建性地提出了丰富而又深邃的社会生态学和人类生态学方面的科学观点，他们的生态哲学思想超越了时代的局限，以其前瞻性和洞见性揭示了社会发展的未来趋势和道路，为人类解决当代日益严峻的环境问题摆脱生态危机困境指明了方向，为建设生态文明奠定了思想基础。

### 2.3.1 马克思的人与自然和谐统一思想

马克思自然观的核心与特质体现为建立在实践基础上的人与自然之间的辩证统一。马克思认为，人与自然之间存在着千丝万缕的内在联系，自然是人类赖以生存的家园、根基和母体，[①] 而实践是实现人与自然联系和沟通的桥梁和纽带，历史也就是实践基础上“自然界成为人”的过程，是人与自然及其相互关系基于实践的深化与发展而不断生成的过程。

第一，自然界的先在性及其属人性。

基于存在论的视角，马克思首先对“外部自然界的优先地位”[②]给予了肯定，认为人的生存和发展依赖于自然，又借助于劳动改变作为他生存的外部环境的自然，最终又复归于自然。

马克思坚持从唯物主义自然观的基本立场出发，把人看成是自然界的一部分，是自然界长期发展的产物。但是，人与其他自然存在物所不同的是，人是能动的自然存在物。马克思把实践的原则贯彻到对人与自然关系

---

①任暟．差异与互补：马克思恩格斯自然观之比较［J］．安徽大学学报（哲学社会科学版），2010（1）：19－24.

②马克思，恩格斯．德意志意识形态［M］//马克思，恩格斯．马克思恩格斯选集（第1卷）．北京：人民出版社，2012：157.

的阐释中，进而从实践论、认识论意义上强调："被抽象地孤立地理解的、被固定为与人分离的自然界，对人来说也是无。"①之后马克思在《德意志意识形态》一书中，对自然界的优先地位进行了着重强调。

从实践的观点出发，马克思第一次创造性提出了关于"人化的自然"概念，从人所特有的能动实践活动出发从多方面论证自然界的客观性。首先，自然界作为劳动实践活动所指向的对象具有其优先地位；其次，马克思援引地质学和生物学的观点驳斥宗教创世说进而肯定自然的客观实在性；再次，马克思分析论证非理性因素（感觉、激情、欲望）的满足也依赖于外部客观的自然，认为离开了不以人的意志为转移的自然界，离开自然界所提供的一切客观物质因素，人的任何情欲都难以获得满足。

在《资本论》中，马克思指出："即使在我们现在的劳动过程中，有些劳动资料也还是天然存在的，不是自然物质和人类劳动的结合。"②可见，马克思始终都在强调自然界的优先存在及其发展，以及自然界运动变化的客观规律性。

第二，自然界的基础性及人本身的自然性。

自然界作为一个整体，体现为包括存在于其中的人及其他所有物质的相互联系。人无法离开自然界而生存，是自然界的组成部分之一。马克思指出，人是自然界进化的产物，作为生命体，必须从自然界获取生命体所需的物质能量，维系人类生存的物质资料均直接或间接地来源于自然界，因而自然界就成为人类生存和发展的自然物质基础。

从存在论的角度看，人与自然的关系实质上是部分与整体的关系。同样，人类社会也不可能离开自然界，自然界不仅是"人的无机的身体"，而且是作为人的精神的无机界和人的精神食粮，作为科学和艺术的对象为人类的精神生产提供素材。所以，自然界为人类的生存和发展提供首要的物质前提和坚实的物质基础，这从根本上体现着人对自然这一伟大母亲的全面、深厚、永恒的依赖。

第三，实践是实现人与自然相统一的桥梁和纽带。

马克思自然观的特质体现在强调了人与自然在实践基础上的辩证统一。具有普遍性的实践兼具有直接现实性的典型特征，马克思把实践的原

---

①马克思，恩格斯．马克思恩格斯全集（第 42 卷）［M］．北京：人民出版社，1979：178.

②马克思恩格斯全集（第 23 卷）［M］．北京：人民出版社，1972：208.

则引入对人与自然关系的理论分析之中，指出实践作为人的本质力量的对象化的活动，是人与自然由此达彼的纽带与桥梁，是实现人与自然统一的现实中介。

基于实践基础之上的人与自然的现实关系，是通过实践而相互作用的对象性关系，实践赋予人所独有的不同于一般生物的能动特质，“主体是人，客体是自然”[①]，人可以凭借实践改造自然甚至创造“人化自然”，主客体的相互作用借助于一系列实践活动，使人与自然之间的物质变换过程被产生、调整和控制，从而实现主体客体化和客体非对象化的双向互动。在这种双向互动的实践过程中，作为能动的主体，坚持合目的性与合规律性的统一，实现主体的目的与需求和对象的本质与规律的辩证整合。

人的存在方式是实践，不同于其他动物直接地从自然界获得生存资料，人通过实践实现自然界向人的需求与目的的转化。这种以劳动实践活动为纽带建立起来的人与自然之间的物质变换，实质上体现了人与自然之间的相互联系。

第四，历史是人与自然的关系在实践活动基础上不断生成的过程。

人类的发展史也是一部人与自然的关系史，是人在实践基础上对于自然界持续不断地加以认识和改造的发展史。马克思一方面强调自然的客观物质性，强调自然独立于人的意识之外、不以人的意志为转移；另一方面，又强调自然的社会性、实践性，强调自然是人的认识或改造的对象，而不是与人分离的、“无声无息”的自然。马克思在分析人与自然的关系时并没有忽视人，而是把人当作整个自然界的运动所趋向的价值目标。但是，必须看到，人对于自然界的实践改造必须以尊重客观规律为基础和前提，否则“不以伟大的自然规律为依据的人类计划，只会带来灾难”。[②]通过对异化劳动的分析，马克思深刻地认识到资本主义生产方式造成了劳动异化，并因此造成了自然界、人类自身、人的活动机能、人的生命活动同人相异化。自然的异化源于劳动的异化，是人与人关系对立的外在表现，究其原因是私有制的存在以及人类实践的双重效应所导致的消极后果，马克思由此揭示资本主义制度是引发生态危机的根源。

---

①马克思．《政治经济学批判》导言［M］//马克思，恩格斯．马克思恩格斯选集（第2卷）北京：人民出版社，2012：685.

②马克思恩格斯全集（第31卷）［M］．北京：人民出版社，1976：251.

马克思认为，解决自然的异化必须通过社会变革才能实现，并认为人的自我异化的扬弃和自我异化走着同一条道路，解决生态环境问题必须改变资本主义生产方式，取而代之的是把自然主义和人道主义相结合的共产主义社会。实现共产主义、扬弃资本主义异化的有效途径就是对资本主义制度进行深刻的彻底的变革，通过解放和发展生产力、变革资本主义生产关系，建立人与自然和谐发展的社会制度，从根本上实现“人和自然界之间、人和人之间的矛盾的真正解决”①的共产主义目标，这正是生态文明理念所着力倡导的人与自然、人与社会和谐发展的理想社会状态。

马克思以实践为基础的自然观，从价值观的维度，关注自然的属人性，以及自然对人类生存和发展的所具有的重要意义；从存在论的维度，强调了“外部自然界的优先地位”；从历史观的维度，阐明社会是实践基础上的“人同自然界的完成了的本质的统一”，这就为人类正确地认识和确立人与自然的和谐关系提供了辩证的认识论原则和重要的哲学基础。

### 2.3.2 恩格斯的自然辩证法思想

恩格斯的自然观以自然辩证法为方法论依托，形成对自然界本身复杂关系和变化规律的认识，强调“要确立辩证的同时又是唯物主义的自然观，需要具备数学和自然科学的知识”。② 恩格斯总结概括了自然科学发展的新成就，审视了人与自然之间的关系，揭示了与自然科学知识对应的自然界各领域间普遍联系和有机发展的辩证关系。

首先，恩格斯从本体论维度论证了自然界是一个有机联系的统一整体，作为进化发展着的人是自然界长期发展过程中的产物，“生命是整个自然界的一个结果”。③ 在自然界物质运动过程中，人类通过劳动从自然界分化出来，“劳动创造了人本身”。④

恩格斯在《自然辩证法》中，揭示了人的生存和发展依赖于自然，

---

①马克思恩格斯全集（第42卷）［M］. 北京：人民出版社，1979：120.

②恩格斯. 反杜林论［M］//马克思，恩格斯. 马克思恩格斯选集（第3卷）. 北京：人民出版社，2012：385.

③恩格斯. 自然辩证法［M］//马克思，恩格斯. 马克思恩格斯选集（第3卷）. 北京：人民出版社，2012：897.

④恩格斯. 自然辩证法［M］//马克思，恩格斯. 马克思恩格斯选集（第3卷）. 北京：人民出版社，2012：988.

“我们连同我们的肉、血和头脑都是属于自然界和存在于自然之中的”。①恩格斯在《反杜林论》中，对自然界的先在性和本源性以及人对自然界的依赖关系做了较为明晰的阐述，书中指出“人本身是自然界的产物，人是在自己所处的环境中并且和这个环境一起发展起来的”。② 因此，恩格斯强调，应该在支配自然改造自然的过程中时刻牢记人与自然不可分割的一体性。

其次，恩格斯以唯物辩证法为方法论，阐述了自然系统的整体性、内在有机性和客观规律性。反思自然科学应该成为自然观的重要内容，基于这一认识，恩格斯主张通过揭示与自然科学知识对应的自然界各领域间的普遍联系和有机发展，达到并形成对自然界本身复杂关系和变化规律的科学认识。

再次，恩格斯从生产劳动实践观点出发论证人与自然的辩证统一关系。他指出：“劳动和自然界在一起它才是一切财富的源泉，自然界为劳动提供材料，劳动把材料变为财富。”③人与自然之间的相互联系、相互作用也只有通过生产劳动才能实现。这就是恩格斯所说的第一次提升，即把人从其他动物中提升出来，这一过程标志着人对自然界开发、利用和改造水平的提高，其实质是“自然界对人来说的生成”。

恩格斯深刻地阐述了人的实践活动对自然界的改造，高扬人在自然界中的地位和作用，充分地肯定了人的主体性。然而，恩格斯通过长期考察资本主义社会造成了人类痛苦，认识到若要调节人与自然之间的矛盾，改善人与自然的关系，“还需要对我们现有的生产方式，以及和这种生产方式连在一起的我们今天整个社会制度实行完全的变革”。④

最后，通过对物质变换规律的关注与分析，对人与自然的关系进行科学的预见。恩格斯强调与其他动物所不同，人类是借助于其特有的生产劳

①恩格斯．自然辩证法［M］//马克思，恩格斯．马克思恩格斯选集（第3卷）．北京：人民出版社，2012：998.

②恩格斯．反杜林论［M］//马克思，恩格斯．马克思恩格斯选集（第3卷）．北京：人民出版社，2012：410.

③恩格斯．自然辩证法［M］//马克思，恩格斯．马克思恩格斯选集（第3卷）．北京：人民出版社，2012：988.

④恩格斯．自然辩证法［M］//马克思，恩格斯．马克思恩格斯选集（第3卷）．北京：人民出版社，2012：1000.

动完成与自然界的物质变换过程，并且导致自然生态系统或多或少地发生向人的目的和需求方向的转化，而且不同程度地打上人类活动的印记，直接或间接地受到人工的改变和冲击。

人类社会的构成因素与自然环境的构成因素相互作用，人类的生产技术实践协调和改变着人与自然之间的动态平衡。当人类实践活动超出自然系统的自我调控与矫正能力时，就会打破自然生态系统的平衡，导致生态危机。正如恩格斯指出的："每一次胜利，起初确实取得了我们预期的结果，但是往后和再往后却发生完全不同的、出乎预料的影响，常常把最初的结果又消除了。"①为此，就必须实现人的第二次"提升"，那就是消灭资本主义生产方式取而代之的是共产主义新社会，在那里人类最终脱离动物界，人们之间停止了生存斗争，从动物的生存条件进入人的生存条件，实现"人们第一次成为自然界的自觉的和真正的主人"。

### 2.3.3 习近平生态文明思想

党的十八大以来，以习近平同志为核心的党中央，继承并发展了马克思主义人与自然和谐共生思想，提出了"生态生产力""绿水青山就是金山银山""山水林田湖草系统治理"等一系列新论断，体现了中国特色生态文明思想发展的历史飞跃，实现了对马克思主义人与自然和谐思想的理论继承与时代创新，为实现美丽中国宏伟目标、推进新时代生态文明建设提供了理论基础和实践原则。

第一，习近平生态文明思想是中国特色社会主义生态文明思想的理论传承。

中国共产党带领全国各族人民，经历艰苦卓绝的革命斗争建立了社会主义新中国，随即开启了生态文明建设漫漫长路。新中国成立后生态文明建设经历了毛泽东时期的奠基阶段，发展到邓小平时期的开拓阶段再到江泽民时期的推进阶段，期间饱尝坎坷与艰辛，既形成了深刻的教训同时也积累了丰富的经验。

以毛泽东为核心的党的第一代领导集体的生态文明理论。新中国成立之初，国家面临的最重要的现实任务是实现由传统农业大国向现代化工业

---

①恩格斯．自然辩证法［M］//马克思，恩格斯．马克思恩格斯选集（第3卷）．北京：人民出版社，2012：998.

国家的转型。由于工业化程度较低，生态问题尚未显露，因此当务之急是改造自然，发展生产。其一，兴修水利、保持水土的思想。新中国成立以后，毛泽东面对数次大规模洪涝灾害造成的严重人员伤害和经济损失的状况，坚定了治水兴农的信念和决心。以毛泽东为核心的第一代领导集体从建国初期到70年代带领中国人民兴修大批水利工程，对于防止洪涝灾害发生起到了积极的作用，有效地促进了工农业生产的发展。其二，植树造林、各业综合平衡发展的思想。毛泽东高度重视林业建设，充分调动广大人民群众的积极性，在全国范围内全面开展植树造林运动，为广大农村环境绿化、荒地荒山披上绿装起到了重要的作用。毛泽东同志还提出“园林化”目标，“要使我们祖国的河山全部绿化起来，要达到园林化，到处都很美丽，自然面貌要改变过来”。[①] 从绿化到园林化，表明毛泽东对环境发展提出了更高要求，实现从绿化环境到美化环境的建设目标。此外，毛泽东将唯物辩证法思想运用于农林牧副渔各业发展，强调要用各业综合平衡发展的方式来实现自然生态的平衡。其三，保护环境、治理污染的思想。1973年，党中央国务院召开第一次全国环境保护会议，对环境保护工作进行统一部署，标志着党的第一代领导集体已经将环境保护纳入社会主义建设的宏伟事业中。开展群众运动，搞好社会卫生，改善城乡环境。通过爱国卫生运动，防止鼠疫、血吸虫病，除四害等卫生工作的实施强调环境保护的重要性。在厉行节约，反对浪费方面，毛泽东身体力行、率先垂范，坚持艰苦朴素的生活习惯，积极倡导厉行节约、反对浪费的思想，使得“节约光荣、浪费可耻”的观念深入人心。在新时期经济建设过程中，注意吸取历史上的经验教训，努力发展生产，杜绝滥用浪费。

以邓小平为核心的党的第二代领导集体的生态文明理论。中国作为一个人均收入偏低的发展中国家，加快经济发展、提高国民收入、实现国富民强成为社会建设首要目标。伴随市场经济的逐步确立，追求资本价值增值最大化的资本逻辑，导致经济增长以忽视资源环境为代价的状况。以邓小平为核心的党的第二代领导集体，立足于中国具体国情，基于对生产力发展与维护生态平衡矛盾关系的认知，关注经济发展过程中显露的各种生态问题，高度重视节约自然资源保护生态环境，形成了以可持续发展为特

①中共中央文献研究室，国家林业局．毛泽东论林业［M］．北京：中央文献出版社，2003：51.

征的一系列更加明确的生态环境建设理论。其一，加强环境保护法制化、制度化、规范化建设。从法律法规的制定与完善到环境保护专门机构的设立，反映生态文明建设事业步入了一个新的发展阶段，标志着我国环境保护工作步入法制化发展的轨道。其二，协调人口、资源、环境关系，环境建设要走持续发展道路。邓小平倡导通过植树造林、扩大森林覆盖率的方式修复损害严重的生态系统，提出了“植树造林，绿化祖国，造福后代”①的口号，并且以身作则、身体力行，在他的影响和带领下全国范围内开展了轰轰烈烈的全民义务植树活动。面对大面积耕地、草场沙漠化的严峻局面，邓小平决定实施三北防护林体系建设工程，不断加大投入力度，修建遏制沙尘暴、防止水土流失的“绿色长城”。其三，通过发展科学技术推动环境保护与生态建设。邓小平非常重视科学技术在现代化建设中的重要作用，并进一步将马克思“科技是生产力”的观点提升到“科学技术是第一生产力”的高度，通过发展科技、振兴教育，提高人口素质，培养高素质人才，加强精神文明建设。用科技力量改变资源环境因素对社会经济发展的限制，发挥科技在减少资源消耗、降低环境污染方面的作用，为生态环境建设打上了科技烙印。

以江泽民为核心的党的第三代领导集体的生态文明理论。十三届四中全会以来，我们党对马克思实践自然观的认识进一步发展，江泽民对我党的生态环境建设思想进行了科学的继承和进一步扩充。其一，明确提出可持续发展的科学理念。江泽民已经意识到可持续发展的重要性，强调实施可持续发展战略，其主要目的是排除人的发展过程中所遇到的各种障碍与问题，补齐制约经济社会发展的明显的短板，最终使人的全面发展得以具体落实。其二，进一步构建科学完善的生态环境建设法治体系。通过一系列措施将环境保护纳入法制化、制度化的轨道。其三，加强国际合作，提升生态环境治理与保护水平。1994 年，江泽民在亚太经合组织会议上强调对环境保护等全球性问题开展合作。在一年后的联合国会议上，又一次提到生态环境恶化问题。各国在环境治理方面携手共建，中国积极开展同世界各国的合作，共同致力于环境保护，努力为人类居住于其中的自然环境的改善做出应有的积极贡献。

---

①邓小平文选（第 3 卷）［M］. 北京：人民出版社，1993：21.

自党的十六大以来，以胡锦涛为总书记的党中央高度重视生态文明建设，连续提出一系列加强生态环境建设的理论，注重经济增长方式的转变和产业结构调整，倡导健康绿色的生活方式，培养人们的环境保护意识，实现了生态环境建设思想的纵深发展。进入到21世纪，中国作为一个发展中的大国，在经济快速发展的同时遭遇了严峻的生态危机的挑战。面对错综复杂的生态问题，缓解来自发展经济同时保护生态的双重压力，胡锦涛提出一系列体现出宏观谋划和微观治理相结合的生态理论：一是提出科学发展观，实现发展理念的创新；二是转变经济增长方式，大力发展环保产业，推广循环经济；三是提出建设资源节约与环境友好社会的设想；四是以实现人与自然的和谐为目标，提出社会文明形态建设新主张，努力建设生态文明。①

党的十六大报告将建设“更加和谐的社会”作为新的使命，其根本目的在于保护和改善人的生存发展条件。十六届三中全会第一次提出科学发展观，向世界宣告了中国今后的发展将走向全面、协调、可持续的发展之路，通过“转变”发展模式以解决日益严重的生态问题，标志着中国特色社会主义真正找到了自己的发展道路。十六届四中全会提出了“构建社会主义和谐社会”的行动纲领，描绘了人与自然和谐相处的美好图景。2007年10月，“生态文明”出现在党的十七大报告中，体现了我们党的社会建设理念的又一个重大理论创新。

“生态文明”理念的正式确立是党的十七大理论创新的成果，顺应了人类文明发展的历史潮流，也是面对日益国际化的环境问题主动承担大国责任的郑重承诺。自此以来，建设生态文明上升为国家意志，也成为中国特色社会主义发展的方向，这将极大地促进生产方式、生活方式的时代转变以及新的世界观、价值观的确立，并进而形成一种新的维系社会和谐发展的坚实力量。在科学发展观的指导和要求下，我们对自然的认识发生了质的变化。党的十七大还进行了党章的修改，列入了“人与自然和谐”、建设“资源节约型、环境友好型社会”的新内容。这种对自然前所未有的高度重视，标志着我们的自然观从新中国建立初期的“向自然宣战”、意欲“征服自然”向“建设自然”、实现“人与自然和谐相处”的实质性转

①胡洪斌．从毛泽东到胡锦涛：生态环境建设思想60年［J］．江西师范大学学报，2009（6）：16－22.

变，标志着生态文明已经从理论走向实践，成为全国人民伟大的行动。

第二，习近平生态文明思想在新时代中国特色社会主义阶段的创新发展。

党的十八大报告把生态文明建设作为一个独立篇章进行阐释，标志着我国已经从国家战略高度认识生态文明。中国政府的这一举动得到国际社会的高度评价，国际舆论普遍认为中国把生态文明放在突出位置，对于提高人民生活环境质量，促进经济的可持续发展具有积极意义，并将为推动生态文明建设实现全球生态安全方面做出非常重要的贡献。

党的十八届三中全会通过《关于全面深化改革若干重大问题的决定》，其中关于加强生态文明建设的论述，深化了“五位一体”的战略布局，确立了生态文明制度建设在全面深化改革总体部署中的重要地位，进一步丰富了生态文明制度建设的内容。①

习近平指出：“我们既要绿水青山，也要金山银山。宁要绿水青山，不要金山银山，而且绿水青山就是金山银山。”② 体现了生态文明建设的自然辩证法，深度剖析了发展经济与保护环境之间的矛盾，为经济发展和环境保护指明了方向。当前人民群众追求幸福生活，其中一项重要内容就是让人民生活在空气清新、天蓝草绿、水源洁净的优美自然风光之中，而这些生态产品来源于日益稀缺的森林草原湿地湖泊等生态空间，只有保护好这些人类赖以生存的生态空间，才能为人民群众提供生存所需自然环境，才能满足人民群众对于绿色环保优美生态的幸福生活的新期盼。习近平对于“金山银山”与“绿水青山”的辩证关系的分析，生动地揭示了发展社会经济不能无视自然环境的保护，体现了在生态文明建设过程中生态环境建设优于单纯的经济发展的绿色价值取向。特别是“生态文明新时代”的提出，是生态文明理论的一次思想飞跃，是中国共产党人关于生态文明建设的一次重大理论创新。在中央政治局第六次集体学习时，习近平总书记进一步强调：建设生态文明关系人民福祉、关乎民族未来。③ 建设社会主义生态文明是实现中华民族伟大复兴的必然选择，迈向生态文明新时代成

①夏光．建立系统完整的生态文明制度体系——关于中国共产党十八届三中全会加强生态文明建设的思考［J］．环境与可持续发展，2014（2）：9－11.

②中共中央文献研究室．习近平关于社会主义生态文明建设论述摘编［M］．北京：中央文献出版社，2017：21.

③习近平在中央政治局第六次集体学习时的讲话［N］．人民日报，2013－05－25.

为中国特色社会主义道路的目标指向。

2015 年 10 月，党的十八届五中全会开创性提出创新、协调、绿色、开放、共享的“五大发展理念”。人类社会发展是一个复杂统一的系统化过程，在这一动态过程中，创新发展是迈上新台阶的动力之源，绿色发展是实现“生态梦”的牢固基石，共享发展是人、自然、社会和谐发展的目标指向。

2017 年 10 月 18 日，党的十九大胜利召开，习近平总书记在十九大报告中首先充分肯定“生态文明建设成效显著”，在此前提之下提出“加快生态文明体制改革，建设美丽中国”的新时代建设目标。在 2018 年 5 月 18 日召开的全国生态环境保护大会上，习近平发表了重要讲话，重申了生态文明建设的极端重要性，全面深入地阐述了推进新时代生态文明建设的“六大原则”，提出了构建生态文明“五大体系”的宏伟目标与战略任务，这是对以往生态文明思想的系统概括与归纳总结，为新时代生态文明建设提供了重大的理论指导和实践原则，体现了推进生态文明建设新阶段的“顶层设计”。生态文明建设已经成为“五位一体”的重要组成部分和重要战略支撑，这是马克思主义基本原理与中国具体实际相结合的产物；也是 21 世纪马克思主义生态观与中国具体实践相适应的最新中国方案。2019 年 10 月，党的十九届四中全会提出坚持和完善生态文明制度体系，促进人与自然和谐共生，是当前和今后一个时期全党全社会的一项重要政治任务。

第三，习近平生态文明思想的理论内涵与实践原则。

习近平指出：“生态文明是人类社会进步的重大成果。人类经历了原始文明、农业文明、工业文明，生态文明是工业文明发展到一定阶段的产物，是实现人与自然和谐发展的新要求”。[①] 习近平生态文明思想是对马克思主义生态文明观的继承和发展，[②] 体现了中国特色社会主义理论的创新成果，具有丰富的理论内涵。其一，阐明了“生态环境也是生产力”的生态生产力理念，为马克思主义生产力内涵注入了新的内容，并且提出，将生态环境作为生产力的构成因素，将发展生产力与保护生态环境相结合，强调对于生态环境的保护与改善就是对于生产力的保护与发展。习近平生

①习近平在中央政治局第六次集体学习时的讲话 [N]. 人民日报，2013-05-25.

②李国竣，陈梦曦. 习近平绿色发展理念：马克思生态文明观的理论创新 [J]. 学术交流，2017 (12)：53-57.

态文明思想为马克思主义生产力内涵注入了新的内容，并且指出，在劳动资料、劳动对象等物的要素基础上，将生态环境作为生产力的构成因素，通过劳动者这一人的要素，实现发展生产力与保护生态环境相结合，强调保护自然就是增值自然价值和自然资本的过程，生态环境的保护与改善将强有力地保护生产力发展，进而推动人类社会的发展和人类文明的进步。其二，阐明了生态文明建设的最终目的是人民“最普惠的民生福祉”，创造性地发展了马克思主义“自由人联合体”思想，指出人与自然是“生命共同体”，保护生态环境与人民群众当前根本利益息息相关，生态文明建设是关乎民族未来的根本大计，在发展的过程中努力实现人与自然“和谐共生”。党的十九大报告中明确提出人与自然是命运共同体，并重申人类必须尊重自然、顺应自然、保护自然。中国共产党的初心是为中国人民谋幸福，人民的幸福感体现在日常生活中，是最广大人民群众的亲身体验。随着改革开放带来的经济发展，人民群众物质文化的需要得到满足，从而我国的主要矛盾发生改变，人们追求美好生活的愿望增加。因此，良好的生态环境就成为人民群众追求幸福的关键。习近平强调：“环境就是民生，青山就是美丽，蓝天也是幸福。”① 把生态环境作为民生问题来讲，表明了对生态环境的高度重视。其三，阐明了生态文明建设的重大意义——“生态兴则文明兴，生态衰则文明衰”，强调生态文明建设对于实现中华民族伟大复兴和永续发展具有重大战略意义。② 纵观人类历史，生态兴衰常常伴随着文明的兴衰，四大文明古国无不诞生于生态优美、物产丰富的自然环境基础之上。然而，无视生态环境的承载能力对于自然资源无节制的开发与利用导致了文明的衰败。由于毁林开荒、乱砍滥伐，使得昔日山清水秀、宜耕宜植、水草便畜的黄土高原、太行山脉、渭河流域等地生态环境遭受严重破坏；屯垦开荒、盲目灌溉导致孔雀河改道最终造成楼兰古国的消失。对此习近平多次引用恩格斯在《自然辩证法》中告诫人们的观点发出警示：“我们不要过分陶醉于我们人类对自然界的胜利。对于每一次这

①习近平．在省部级主要领导干部学习贯彻党的十八届五中全会精神专题研讨班上的讲话［M］．北京：人民出版社，2016：19.

②段蕾，康沛竹．走向社会主义生态文明新时代——论习近平生态文明思想的背景、内涵与意义［J］．科学社会主义，2016（2）：127－132.

样的胜利，自然界都对我们进行报复。”[①] 实践证明，人类破坏自然终会伤及自身，保护自然就是保护人类自己。其四，坚持唯物辩证法和系统论的观点，统筹山水林田湖草系统治理。习近平强调“山水林田湖草是一个生命共同体”[②]，主张自然界是由山、水、林、田、湖、草共同构成的有机整体，六种要素相互依存、相互区别、缺一不可，深刻剖析了当代中国的环境问题不再是一个或者局部问题，而是关乎整个国家总体安全的问题。习近平指出，人类赖以生存的大自然是一个复杂统一的整体系统，系统之中各要素相互依存相互影响，保护修复自然必须从生态系统的整体性出发，充分尊重其内在规律，坚持保护优先的原则，以自然恢复为主，综合统筹山水林田湖草等自然要素进行整体保护。其五，明确指出制定实行最严格的生态环境保护制度是新时代生态文明建设的可靠保障。为实现美丽中国的建设目标，要像对待生命一样对待生态环境，构建制度化法制化的环境治理体系，实行最严格的生态环境保护制度和最严密的法制，切实保障生态文明建设的顺利实施。[③]

2018 年习近平在全国环境大会上的讲话，进一步丰富了生态文明思想的内涵，明确了生态文明建设的指导原则。习近平强调，新时代推进生态文明建设，将“五大发展理念”贯彻落实到具体的生态实践中，必须坚持六条基本原则，[④] 其中包括：以实现人与自然和谐相处为发展目标的“人与自然共生原则”；把自然界看作一个统一的生态系统加以综合治理从而坚持的“山水林田湖草是生命共同体原则”；坚持经济社会生态协同发展必须尊重自然、保护自然，贯彻“绿水青山就是金山银山原则”；坚持推进生态建设就是满足人民群众对于优美生态环境的民生需求，遵守“良好的生态环境是最普惠的民生福祉原则”；用法律和制度约束破坏生态环境的行为，落实“用最严格的制度最严密的法制保护生态环境原则”；以积

①中共中央宣传部．习近平新时代中国特色社会主义思想三十讲［M］．北京：学习出版社，2018：243.

②中共中央宣传部．习近平新时代中国特色社会主义思想三十讲［M］．北京：学习出版社，2018：248.

③中共中央宣传部．习近平新时代中国特色社会主义思想三十讲［M］．北京：学习出版社，2018：242－251.

④习近平提出这“六大原则”，缘于深邃的思考和生动的实践［EB/OL］．http://www.xinhuanet.com/politics/xxjxs/2018－06/20/c_129897153.htm.

极的姿态参与全球生态环境治理、引领全球生态文明建设坚持“共谋全球生态文明建设原则”。在全面建成小康社会的决胜期，为坚决打好防止污染攻坚战，实现美丽中国建设的愿景，必须加快构建生态文明体系建设，其具体涵盖生态文化体系、生态经济体系、目标责任体系、生态制度体系和生态安全体系等五个方面。

党的十八大以来，努力建设美丽中国，实现中华民族永续发展，努力走向社会主义生态文明新时代的新论断，体现了以习近平同志为核心的党中央的时代精神和全球视野，体现了马克思主义生态观的思想精髓和中国共产党高度的历史自觉和生态自觉。以习近平同志为核心的党中央，提出了建设美丽中国、走向社会主义生态文明新时代以及“五大发展理念”，加快生态文明建设必须坚持的“六大原则”、构建生态文明“五大体系”等思想观点，体现了中国共产党的科学发展、和谐发展理念的再一次升华。

### 2.3.4 中国传统文化中的“和合”生态伦理思想

中华民族有着悠久的历史文化，数千年的文明发展历程，儒、道、佛三家共同构成了中国传统文化的主体。习近平对中国传统文化的生态智慧展开了创造性转换，他指出，中国传统文化的生态智慧，不仅体现在“天人合一”的观念上，而且体现在中国传统文化的精髓“贵和”。在确立人类社会普遍的道德规范方面，中华文化有其优长之处，而“和合”文化是其精髓之一。在“和合”文化价值观的影响之下，先人们很早就已经认识到了保护生态环境的重要性，强调对自然要“取之以时”“取之以度”的思想。① 在我国建设生态文明，既继承了中华文化的优良传统，又反映了人类文明的发展方向。② 在开发和利用自然环境和自然资源的过程中，中华民族逐渐形成了爱护自然、尊重自然的生态文明意识，从而为生态文明建设提供了可资利用借鉴的重要文化资源，对于当今科尔沁沙地生态治理仍然具有重要的思想启迪意义。

第一，儒家文化中“天人合一”的生态理念。

儒家思想源远流长，在中国两千多年封建社会发展历程中绝大多数时

---

①王雨辰．论德法兼备的社会主义生态治理观［J］．北京大学学报，2018（4）：5 – 14.

②杜超．生态文明与中国传统文化中的生态智慧［J］．江西社会科学，2008（5）：183 – 188.

间里居于统治地位，其中蕴含了丰富的生态伦理思想。儒家生态思想的重要特点体现为“天人合一”的生态理念，这一思想在处理人与自然关系、追求人与自然和谐方面具有重要的参考价值，在中国传统文化中是“最能体现人与自然相和谐的生态思想”。[1] 儒家的“天人合一”思想，体现为自然的生态秩序与人类的社会秩序圆融无碍，所强调的不仅是一种道德观、宇宙观，还体现为一种生态观。

其一，“天人合一”体现为人与自然和谐统一的整体生态观。儒家学者对“天人合一”进行了系统阐述，认为人与自然是和谐统一的整体，人是自然界的一部分；在处理人与自然关系时，要追求和谐统一、共同发展，以达到人类生存的理想境界。认为人是自然界的一部分，二者不可分割，自然万物相依相存，体现为整体有机论的思维方式。儒家主张“天人合一”，本质是主体和客体的统一，人与自然的统一。既然人与世界万物相依相存成为宇宙生命的整体，实现“天道”和“人道”的合一、“自然”和“人为”的合一，就必须重视自然的和谐、人与自然的和谐、人与人的和谐。

其二，“天人合一”凸显仁民爱物、民胞物与的生态伦理。“仁”是儒家文化中最核心的道德理念之一，儒家的生态思想根植于“仁”之德性之上，通过“仁”心之存养、拓展而渐次展开。在儒家思想中，自然是一个有机统一整体，是展现真、善、美的现实场所。传统的儒家文化认为，自然的美德是大生和广生，自然是生生不息的。而人作为一个圆满自足的存在物，每一个人都具有善良的潜在本性。人在本质上与自然万物并无区别，最本质的区别体现在人具有道德意识和道德责任，人在追求自身发展时，能够顾及万物和利于天下。通过道德修养，达到至诚的目的，实现人与天的和谐统一。

其三，“天人合一”遵循尊重自然、合理利用自然的实践主张。儒家“天人合一”思想肯定自然的客观独立性，深刻地认识到了自然万物都有其自身生长、发展、变化、运行的规律，确立了尊重自然规律、合理利用自然的实践原则。强调作为自然界中的人对天地自然的敬畏，提倡人们办事应符合自然规则，要顺“天”。“四季”“天”“地”都是具有独立运行

[1]季羡林．谈国学［M］．北京：华艺出版社，2008：138.

规律的客观存在，不会因人类的喜恶而有所改变，人类必须尊重自然规律，人类对自然界的利用和改造也必须遵循自然规律。

其四，“天人合一”倡导保护自然、持续发展的行为规范。在尊重自然规律的前提下，儒家较早地认识到自然资源的有限性，倡导保护自然、合理利用自然的思想，并制定了一些保护野生动植物资源的积极措施。儒家强调人在利用自然时，应对万物合理利用、爱护利用、节约利用，不可滥砍滥伐、滥捕滥杀，要把握好利用自然资源的“度”。“竭泽取鱼，非不得鱼，明年无鱼。焚森而畋，非不护兽，明年无兽”，在利用自然的同时，也要保护自然界的繁衍生息。

儒家思想中合理利用自然、爱惜保护自然的“天人合一”生态自然观，既具有理论价值，又具有实践价值，为我们认识和处理人与自然的关系问题提供了宝贵的思想财富。“天人合一”的运用需要作为社会个体的人以生态思想为指引去休养、努力甚至克制，以达到“仁民爱物”“民胞物与”的伦理要求。

第二，道教文化中“道法自然”的生态主张。

道教作为中国的原生宗教，以道家的思想为理论基础，表现出一种自然主义的空灵智慧和对生命永恒的强烈期盼。道教思想几乎涉及人际关系和生态关系的所有领域，是中国哲学史上的主要流派之一。“道”是道教的核心概念，是其所有思想的出发点。以老子和庄子为代表，道家哲学比较系统地阐述了天人关系，其精髓是“道法自然”，并由此引出了丰富的生态文明思想。①

其一，万物平等，和谐共处的生态理论前提。在中国哲学史上，老子首次提出“自然”范畴，讨论了人与自然的关系问题，从宇宙的构成与万物的起源两个方面论证了万物平等的思想。老子认为：“人法地，地法天，天法道，道法自然。”（《道德经》）自然乃自然而然，强调“道”是世界万物存在的根据，是宇宙之源、万物之本、真理之根，所以，人类必须顺其自然，以“道”为法则，不能强加干涉。自然界中纷繁复杂的万事万物包括人的生命，都是平等的，都是自然界创造的结果，因而不分高低贵贱，不存在主宰者，都是自然而然生成，理应一视同仁。从宇宙的构成来

①曹建波．道教生态思想探微［J］．中国道教，2005（3）：21－24.

看，道、天、地、人是完全平等的，都是大自然的一部分。人不能违背天地，也离不开天地万物，只能与天地万物和谐相处。

其二，共生共在，适时有度的生态辩证观点。“道法自然”的生态观念旨在宣扬自然与人类是共生共在的整体统一，自然之中天地万物的运动变化遵循其固有的规律，按照自然本性而产生、存在、运动和发展，时时刻刻处于变化之中，超越了人的主观意志，不以人为中心而变化。道家把天地人万物看作一个整体，天地人万物皆由“道”幻化而生，彼此之间密不可分。人不过是宇宙中的一个组成部分，人作为宇宙中的小我必须服从顺应宇宙大我的运动规律，整个宇宙是一个生生不息的有机统一整体，人不能逆天道而为，人道必须顺应天道。道是滋生万物的根本，是世界的本源，世间万物都是联系变化的宇宙中的一个组成部分，依存于“道”的滋养而生长。同时，人应该超越自己的主观目的，顺应世间万物相互联系运动变化。人不能伤害自然，而要适可而止遵循适度原则，做到“恬淡无为，大顺物情”，则“一切万物，自然昌盛”。

其三，顺物自然，无为而治的生态实践原则。道教认为，自然界万事万物均遵从于特定的自然法则，倘若无视自然之道而轻举妄动，以至于违背自然规律，就会导致灾难。人产生于“道”生万物的过程，就应该效法天地之道，对自然万物采取顺物自然的态度。在处理人和自然的关系问题上，反对以人类为中心，认为人的高尚品德在于不凌驾于世间万物之上，不主宰事物的成长发展，任由万物遵循自然之道而成长繁衍，主张人类应该按照自然规律和法则去做一切应然而然的事情。

其四，见素抱朴，少私寡欲的生态修身之法。为了保护生态环境，道教认为对一切生命人们应常怀敬畏与热爱之情，不可暴殄天物而应善待万物，怜悯万物而不轻易伤害生命，主张崇俭抑奢、适度消费。道教教育世人，遵循自然的规律，使自然万物尽其天年，以实现物种延续不绝。提倡“见素抱朴，少私寡欲”，守正道以保身形。人应该知足知止，主张“清静无为，抱德养身”，实现人与万物和谐共生。

第三，佛教文化中“众生平等”的生态观念。①

作为世界三大宗教之一的佛教，以超越人类本位的立场和追求精神解

①方立天．佛教生态哲学与现代生态意识［J］．文史哲，2007（4）：24－28.

脱为价值取向。自东汉时期传入中国以来，历经中国化的改造，佛教实现了与中国传统文化的交汇融合，经过漫长历史的发展积淀成为中国传统文化中的一部分。佛教文化中包含着丰富的生态理论，蕴含大量对自然生态与精神生态的思想写照，是中国传统文化与生态学联结的重要纽带和资源。

其一，众生平等的生态伦理观。佛教宣扬众生平等，平等一词即源于佛教，佛教教义中佛、人、有情众生、无情众生等等所有事物皆为平等。佛教的平等观是一种广义的、普遍的、彻底的平等，扩展了人们对生命范畴的尊重和理解。佛教的万物皆有佛性、众生皆平等的观点有助于提升现代人的生态意识，以平等之心看待万物，有利于确立人与自然和谐相处的心理思想基础。

其二，因果报应的生态循环观。佛教宣扬“因果报应”，以此来说明世界一切关系和支配众生命运法则的基本理论。因果报应的观念体现了佛教在世间万物主体与客体的相依和统一中论述众生生命与其生存环境的关系；要求众生做善事行善业，劝导人类不要造恶业种恶果；要求人对自然的索取与人对自然的回馈必须保持平衡。

其三，放生护生的生态行为观。在佛教教义中，生命对于人类和一切动植物而言都是非常宝贵的，佛教天台宗坚称，万物都有可能达到最高境界，领悟佛性，且“一切众生皆有佛性”。佛教由不杀生戒进而衍化出“放生”的传统，将捕获的鸟兽龟鱼等放归自然，重新给予生命自由。佛教确立了人类对待善恶的标准，不杀生、放生、护生是最大的功德，杀生是最大的罪恶，尊重生命、珍惜生命是佛教中“善”的最高标准。

其四，报恩惜福的生态消费观。在佛教看来，众生痛苦的根源在于每个人都有“我执”之心和“贪欲”之念。痛苦的消除需要破除“我执”、了断“贪欲”，在涅槃之前必须在人世间进行苦修。佛教主张“不杀生”、反对吃肉提倡素食有助于保护生态，一方面有助于培育修行者的善良慈悲心，保护动物，恪守不杀生戒；另一方面有利于维护生物多样性，确保野生动物资源免遭破坏。当代中国佛教提倡信徒报天下恩、国土恩，因而爱护环境、保护自然资源。①

---

①方立天．佛教生态哲学与现代生态意识［J］．文史哲，2007（4）：24－28.

佛教在阐发宇宙的生成与结构，人生道德责任与人生规律问题方面形成了独特的视角，为人类处理与自然的关系提供了另一独特类型的理念。佛教宣扬的众生平等、因果报应、六道轮回、放生护生、惜福报恩等生态哲学思想，有助于缓解人与自然之间的矛盾，为解决当前日益严重的生态问题提供了思路和启示。

### 2.3.5 蒙古族传统文化中的生态保护思想

中国作为文明古国，在漫长的历史发展过程中形成了众多少数民族。中国各民族古代先民，对于人与自然的关系具有独特的见解。传统生态文化内容丰富，体现在少数民族生产生活的各个领域，渗透于日常风俗、生活习惯、宗教信仰、文学艺术、社会伦理道德等方方面面。蒙古族传统生态文化构成了游牧文明的重要组成部分，它是以北半球蒙古高原异常严酷的自然条件为自然基础，以游牧业为经济基础，以萨满教为信仰基础，历经长期历史发展日积月累逐步形成的，其中蕴含着丰富的生态文化元素。

第一，蒙古族传统生态文化的基本内涵。

任何一个民族的传统文化，都是在适应和改造其生存于其中的自然生态环境过程中逐渐形成的。少数民族文化的独特性与其形成的地理环境密切相关，草原生态环境构成了以游牧文化为主导的蒙古族传统生态文化的环境基础。游牧文化是蒙古族先民适应草原生态环境的产物，是在蒙古族人民世世代代适应草原的生产生活实践过程中根据自己的生存、享受和发展的需要而创造并传承至今的文化形态。从生态视角审视蒙古族传统文化，既饱含着历史上积累下来的蒙古族先民日常生产生活经验，又闪耀着蒙古族人民印刻在宗教信仰之中，浸透于生活习俗之中的丰富朴素的生态智慧。

其一，天人相谐的生态宇宙观。蒙古族传统文化中蕴含着对于宇宙——遨尔其朗的生态直觉，认为遨尔其朗是由水、土、气等各种物质要素构成的混沌状态，并不断由浅变深、由小变大，通过由低级到高级、由简单到复杂的演化逐渐生成包括人在内的自然万物，形成相互依存、相互联系、不可分割的统一整体。蒙古族传统的“天父地母说”宇宙观，体现了自然天地与人间父母的贴合，人与自然达到了和谐、完美的统一。

其二，万物有灵的生态价值观。[①] 蒙古族古代先民在原始狩猎、采集及至游牧的生产力水平上，对自然的认识和改造能力十分有限，因而，对自然现象产生迷惑惧怕心理，认为世间万物都有“灵魂”“精灵”，因此自然崇拜成为社会普遍现象，形成“万物有灵”的生态价值观。萨满教赋予大自然灵性，崇拜天宇、爱护大地、善待自然成为蒙古族人民心目中根深蒂固的生态道德。

其三，敬畏自然的生态伦理观。[②] 立足于“各种生命体都拥有内在价值”的理论基础，提倡人与自然和谐，是蒙古族生态伦理思想与现代生态伦理思想的契合之处。“和谐是游牧生态文化的核心内容”。[③] 蒙古族人民崇拜自然、尊重生态、爱护环境，以此为自豪和荣耀，进而形成对于自然和生命心生敬畏的生态伦理观。蒙古族不仅将人看作自然的一部分，而且以崇敬爱慕之心敬畏崇尚自然，祭天、祭地、祭万物生灵，形成了泛伦理主义情怀，铸就了蒙古族人民从古至今历代传承的敬畏生命的美德。在蒙古族人民根深蒂固的传统生态观念中，行“善事”就是保护森林草原，保护野生动物；做“恶事”就是破坏森林草原，滥杀滥捕动物。蒙古族人民笃定坚信这一生态道德准则：善良引进天堂，残暴带来荒凉。道德与环境直接联结并产生对应关系，这在各民族的伦理学中是十分独特的。

其四，顺应自然的生态实践观。[④] 萨满教的“天父地母”“万物有灵”“敬畏自然”的思想观念，内在地约束着蒙古民族自觉地顺应自然来思考环境问题和采取有效行动。蒙古族“顺应自然”的生态实践观，既超越了原始人类完全屈从于自然的生存态度，又不同于把人凌驾于自然之上的“人类中心主义”，而是由其所处的无边的穹庐和辽阔的草原生态环境所造就。游牧生产生活实践证明，人们只有积极适应、适度利用、合理改造自然，积极保护环境，“顺其自然”，才会得到大自然慷慨的回馈；当人们破坏生态平衡，掠夺自然、盲目索取、暴殄天物，就会遭受大自然无情的惩罚与报应。古代蒙古高原的自然状况迫使蒙古族自觉适应生态规律的限制

①王立平，韩广富．蒙古族传统生态价值观的形成及其现实意义［J］．中央民族大学学报（哲学社会科学版），2010（5）：72－76.

②乌峰，包庆德．蒙古族生态智慧论［M］．沈阳：辽宁民族出版社，2009：94.

③孟庆国，格·孟和．和谐是游牧生态文化的核心内容［J］．广播电视大学学报，2006（2）：40.

④马桂英．蒙古族草原文化生态哲学论［J］．理论研究，2007（4）：45－47.

与约束，以游牧生活方式实现人—畜—草三者之间物质能量变换流通，实现人与自然的协调发展。

其五，简约实用的生态消费观。[①] 蒙古族长期以来形成的厉行节约、杜绝浪费、循环利用的消费理念、消费过程、消费行为，无不镌刻着简约实用的生态特质，形成了具有丰富生态内涵的衣食住行等生活习俗。[②] 蒙古袍典型地体现了蒙古族人民对草原环境的适应方式，是最实用、最具生态特征的装束，极大地实现了适应于草原生活的实际需要。蒙古靴，多为皮革毛毡制成，船型立筒，草地行走防止草打，骑马时伸蹬方便，乘马时护住小腿。蒙古族独具特色的饮食文化，建立在游牧业基础之上，体现了草原人适应自然的生活方式，他们的饮食习惯与当今社会倡导的“循环经济”有异曲同工之妙。他们日常生活中的器皿结实耐用、不易破损，体现了游牧文化简约实用的特质。蒙古包是蒙古族人民适应草原游牧、适时迁徙的生活实践中聪明才智的结晶，是蒙古族游牧民族绿色家园的居住形式，兼具有简陋的结构和多功能用途的特点。勒勒车是蒙古草原上历史悠久而又典型独特的交通工具，有“草原之舟”的美誉，其主要用途为供人乘坐或运载物资，便于游牧过程中移动迁徙，成为游牧民族“移动的家”。[③]

第二，蒙古族传统生态文化中的生态保护思想。

基于草原生态的环境背景，蒙古族先民创造了符合草原生态自然规律的游牧文化，使得蒙古族得以代代繁衍、发展、生生不息。蒙古族传统文化作为一种“可持续发展”的文化价值取向，体现为基于自然主导基础之上的崇尚人与自然和谐统一的生态思想和价值观，[④] 其突出表现就是对草原生态环境有着一种浓厚而又深沉的关怀与保护情结，渗透在蒙古族传统文化中的宇宙观念、宗教信仰、伦理道德、价值观念、审美意识等观念文化，衣食住行生活用品和简约实用生产工具等物质文化，以及政治经济制度、法律、典章等制度文化和人们的行为模式、生产方式、习俗风尚等行

---

①马桂英．蒙古文化中的人与自然关系研究［M］．沈阳：辽宁民族出版社，2013：81.

②王立平．蒙古族传统生态文化中的生态伦理思想［J］．西北民族大学学报，2012（6）：24－28.

③葛根高娃，薄音湖．蒙古族生态文化的物质层面解读［J］．内蒙古社会科学（汉文版），2002（1）：49－54.

④宝力高．蒙古族传统生态文化研究［M］．呼和浩特：内蒙古教育出版社，2007：40.

为文化之中。

其一，蒙古族传统观念生态文化中的生态保护思想。萨满教给蒙古族人民以宇宙观念和精神信仰，其中包含的生态观念对于蒙古草原的环境保护、调节人与自然关系发挥了极其重要的作用。蒙古族萨满教崇拜自然界中的天地万物，从而确立了人对于自然万物的道德义务，这在内容上和客观上起到了保护自然环境、维护生态平衡的重要作用，反映了人们对人与自然关系的一种朴素的哲学领悟。① 蒙古族文学艺术的本质特征是人与自然的和谐统一。蒙古族经常运用神话传说、寓言故事、谚语格言或名言警句，使"天人和谐""万物有灵"思想深深铭刻于尚处孩提时期的所有蒙古族人民的幼小心灵中。因此，爱护动植物、保护大自然的思想从小就根植于蒙古族人民血脉之中，形成了稳固持久的思想意识和文化观念，发挥着生态文化观念塑造人的功能，保护着茵茵草原被绿色浸染。

其二，蒙古族传统物质生态文化中的生态保护思想。蒙古族自古以来"穹庐为室兮毡为墙，肉为食兮酪为浆"，在长期的生产实践过程中探索出一种牧民、家畜和自然三者和谐统一的特殊的"逐水草而迁徙"的生产生活方式，其最重要的特征是为生态的自我恢复提供有利条件，从而最大限度地维护自然环境的稳定和实现草原生态持续发展。蒙古族长期以来形成的四季轮牧、居无恒所的游牧生活，典型的特征是游动性，"依据不同的畜群的习性、种类和特征来决定移牧、轮牧和游牧，不仅保护草原地区脆弱的植被和稀少的水源等生态环境，同时又注意节约牧草、水源等自然资源。"②在游牧过程中，蒙古族人民作为牲畜的主人和管理者，在生产实践中积累了丰富的游牧生产技术和知识经验，在认识游牧生产规律的基础上，创造适应游牧生产和生活的独具特色的工具和方法，爱护自然环境，保护生态平衡。例如，蒙古族对牲畜的管理形成了内容丰富的畜牧业生产知识，牧人以"古列延""阿寅勒"等组织形式进行游牧。狩猎业作为蒙古族人民的副业，既可以补充衣食所需，又是训练的有效手段。但是为了使猎物资源得到合理的利用，古代蒙古族先民通过制定相关法律和禁忌来

---

①乌峰．蒙古族萨满教宇宙观与草原生态［J］．中央民族大学学报（哲学社会科学版），2006（1）：75－82.

②吉尔格勒．游牧民族传统文化与生态环境保护［J］．内蒙古广播电视大学学报，2001（4）：81－83.

规范狩猎行为，以避免不必要的猎杀。蒙古族在长期游牧过程中形成了一整套与环境相适应的生活方式与技能，体现在衣、食、住、行等方方面面。蒙古族服饰文化、蒙古族饮食文化无不深深打上了适应自然、保护环境的生态特征。蒙古族在长期游牧过程中适应自然环境而创造的生产方式与生活方式，充满了人与自然和谐统一的生存智慧；而其以“实用性”为特征的物质文化创造，既为民族自身的发展谋得了机遇和空间，又实现了对自然资源的持续利用从而有效保护了自然生态。

其三，蒙古族传统制度生态文化中的生态保护思想。蒙古族先民把生态保护作为蒙古族法制的主要内容自从“习惯法”（蒙古语为“约孙”）时期就已经开始。据考证，“习惯法”中包括祖先祭祀制、决策忽里勒台制、血案复仇制、族外婚制、幼子继承制，此外还包括生态保护约孙，主要有保护马匹、保护草场、定期围猎、保护水源、防止荒火、珍惜血食、节约用水、讲究卫生等内容。[①] 古代蒙古族“约孙”为其后汗权主导的“成文法”以及族规家法的制定奠定了基础，进入“成文法”阶段后，制定了更加详尽严苛的关于生态保护方面的法律条文，执法严厉严肃。成吉思汗主张“如果我们忠诚，上天会加保佑”（达木苏荣编，谢再善译《蒙古秘史》），推崇至诚至真的品格，铸就了蒙古族人民诚实刚正、直入直出、遵纪守法、服从领导的为人之道。成吉思汗建立蒙古汗国后，于1206年正式颁布蒙古族历史上第一部成文法——《大扎撒》，及至北元时期的《图们汗法典》《阿勒坦汗法典》《卫拉特法典》，这些法典是蒙古地区汗权、王权统治的体现，除了从根本上维护蒙古王公贵族的统治利益之外，还包含了促进社会经济秩序稳定发展，保护草原森林、野生动物以及牲畜畜群、水源树木等法律思想和实现人与自然协调发展的生态保护内容。《阿勒坦汗法典》共13章115条，其中包含救护牲畜、预防传染病、保护野生动物的条文。《卫拉特法典》在保护畜牧业及野生动物条文方面比前代法典更为完善，内容更加全面广泛，而且赏罚分明。古代蒙古族严厉的生态法制为保护广袤无垠的绿色草原提供了保障。

其四，蒙古族传统行为生态文化中的生态保护思想。理论指导实践，思想支配行为。在萨满教影响下长期以来形成的优良的生态保护意识传

---

①暴庆五．蒙古族生态经济研究［M］．沈阳：辽宁民族出版社，2008：410－411.

统，指导着蒙古族牧人的生产实践与日常行为，逐渐形成丰富多样的生态习俗，渗透着、贯穿着环境保护的思想，体现着善待自然的生态伦理精神。罗布桑却丹在具有蒙古族风俗大全之称的《蒙古风俗鉴》中记录了蒙古草原生态系统的地域、气候、树木花草、野生动物，以及蒙古人主动选择适应草原生态条件而从事放牧、狩猎、农耕产业，形成的一系列规矩、习惯以及风俗、禁忌。蒙古族对腾格里的崇拜，形成了祭天的古俗，以后又发展成祭高山大川、祭河流湖泊、祭敖包、祭火等风俗。祭敖包仪式庄严神圣，在萨满教巫师主持下进行，男女老幼共同参与，既起到了全民生态教育的功效，又强化了生态环境在人们心目当中的地位。① 蒙古族祭祀独树的习俗由来已久，对于信奉和保护年久的独树，内蒙古西部称之为“萨嘎拉格尔”（枝繁叶茂的树），东部的科尔沁称之为“尚西”，一般都独自生长在旷野或荒地，并且枝繁叶茂、广大壮观。②“尚西”作为被严格保护的珍稀树种，不许牲畜靠近食用其树皮及枝叶，不许人们采摘其果实，禁止攀爬，更不可以折断其树枝，从而使得古树及珍稀树种得到有效保护。蒙古族人民的丧葬习俗也体现了生态保护的功能，利于草原恢复。蒙古族牧人轻葬重生，人去世之后，以白布包裹，或野葬或火葬或土葬。野葬也称为天葬，就是用牛车将死者运到荒僻的野外，供野生动物随意食用，体现了“生前吃肉成人，身后还肉予兽”的循环再生思想。土葬是古代蒙古贵族实行的丧葬方式，据《黑鞑事略》记载：“其墓无冢，以马践蹂，使如平地”，以保持草原充满生机活力，绿染遍野。

蒙古族人民姓氏、起名的风俗，与其人与自然和谐统一的自然观、天父地母万物有灵的宗教观、生态善恶观、生态审美观以及爱护自然保护环境的生态伦理观具有密切联系。例如，以天地日月星辰为名，腾格尔（苍天）、嘎吉日（大地）、娜仁（太阳）；以河流山川花草树木为名，席慕蓉（黄河）、宝力高（泉水）、牧仁（江水）、琪琪格（花）。蒙古族人民名字中蕴含了朴素自然的生态哲理，从生态文化视角体现了蒙古族长期以来注重生态保护以实现人与自然和谐相处。③ 蒙古族人民在日常生活行为习惯

---

①暴庆五．蒙古族生态经济研究［M］．沈阳：辽宁民族出版社，2008：429.

②宝·胡格吉勒图．蒙元文化［M］．呼和浩特：远方出版社，2003：165.

③铁牛，郑小贤．蒙古族名字与生态观念关系研究［J］．北京林业大学学报（社会科学版），2008（4）：92－94.

中时时处处体现着感恩自然、敬畏自然、回报自然的观念。蒙古族人民沿袭至今的一个进餐前的简单举动，就是给天地万物抛撒的几粒食物，以此告诫子孙：所有食物均源于“天父地母”所赐，要保护生态，关爱自然。席间，老者们举起酒樽，用无名指轻点粮食之精华——醇香的美酒，敬天地、敬神明、敬先人，以此暗示后人：世间所有灵物均依托于上苍保佑以及大地母亲养育之恩才得以繁衍而生生不息。

在“天父地母”“万物有灵”观念指导下的蒙古族人民，其行为中自觉践行着爱护自然、保护环境的生态观念，使之融入日常生活之中，并且习俗化、道德化，成为大众的自觉行为，因而在蒙古族游牧地带，能够呈现出“蓝天白云、草原森林、湖泊河流，一片绿色净土”的迷人画卷。

第三，蒙古族传统生态文化的当代价值。

面对科尔沁沙地日益严峻的生态形势，尤其是面对新型城镇化建设和全面建成小康社会构成严重威胁的草原退化、沙化、荒漠化的现状，全面深入地开展对蒙古族生态文化的研究，挖掘出建设生态文明社会所需要的文化资源，使得草原生态保护运动更科学、有效地进行下去。作为古老的游牧文明的继承者与集大成者的蒙古族，其传统文化中蕴含的生态化的元素正是我们今天所要挖掘、借鉴的人类文化财富之一。

其一，对于社会可持续发展的价值。可持续发展是既满足当代人的需要，又不对后代人满足其需要的能力构成危害的发展，这种发展观是促进人与自然之间和谐共生是其终极目标。可持续发展的基础与保障是生态系统的可持续性，生态系统的承载能力是实现可持续发展的生态底线，以确保生态系统自我更新能力得以充分施展。生态资源维护与自然环境保护，需要使各个民族传统文化中所蕴含的生态智慧得以充分发挥，需要使历史上形成的各民族生态技能得以充分利用，并实现其生态价值的当代转换，实现与智能化的当代科技接轨，在不断总结经验的基础上加以推广，就可以通过生态资源节约利用实现其最大生态效益。

在草原生态的自然环境背景之下，蒙古族游牧文化体现了与特殊的草原生态自然规律相符合，这是蒙古族在复杂自然环境中赖以生存、发展、代代繁衍的生态智慧和文化策略，体现了发展的可持续性。蒙古族传统文化中的生态印记镌刻在其物质文化、精神文化、行为文化和制度文化的诸多方面，无论是日常的衣食住行、习俗风尚，还是宗教信仰、道德观念，以及社会政治制度、经济模式、法律典籍等都深深打上蒙古族生态文化的烙印，彰显着蒙古族人民对草原生态环境的深切关怀。

对蒙古族生态文化开展深入研究，对于蒙古族自身的生存发展以及整个中华民族的繁荣发展具有重要意义，这也有利于在人类文化宝库中保留下这一传奇般的生业方式与文化智慧，真正使其成为民族、国家乃至整个人类社会可持续发展的理论基础之一。蒙古族的生态伦理思想曾经在漫长的历史发展过程中产生了巨大的作用，现如今也是世界珍贵的少数民族生态文化资源，对于实现人类社会和谐永续的发展目标意义重大。

其二，生态保护的价值。蒙古族生态文化是蒙古族对各个历史时期北方游牧民族文化的继承与发展，是被历史证明了的能够代表科尔沁独特环境与历史发展的文化。古代蒙古族牧人在长期的游牧过程中总结了大量的生产生活经验，充分认识到过度狩猎、过度放牧必然引发生态平衡遭到破坏的严重后果，因而在生产生活实践中牢牢树立保护自然生态的观念。

出于维护生态平衡的目的，蒙古族人民形成了许许多多利于动物生长、植被保护、清洁水源等特色风俗和生活习惯；也产生了具有鲜明民族文化特色的生产生活禁忌，严禁人们破坏自然，以实现人与之所处自然的和谐共生。正如罗布桑却丹所说：“利用土地的营养，支持生物的营养，以哺育人健壮的体魄”。历史形成的蒙古族的生态法制、生态习俗与禁忌，尽量减少对草原生态系统的干预，努力保持自然的原貌，依靠生物群落自我修复的功能，降低人类生产生活对于草原的破坏，有效地实现了生态保护的价值。

其三，生物多样性保护的价值。对于自然界的生态系统而言，维持自然界万事万物生态平衡的基础是生物多样性；对于人类社会的持续稳定的发展而言，维持人类社会和平与发展的基础则是文化多样性。[①] 人类社会的持续发展必然不能离开生物多样性的自然基础，蒙古族传统文化的生态保护思想对于保护物种的多样性提供了行动指南。

蒙古族生态文化建立在保护自然生态环境、爱惜自然物质资源的生态伦理观念基础之上。蒙古族悠久的历史发展过程中所形成的物质文化与精神文化，体现着以爱护万物生命保护自然环境为前提。野生动物，给草原

---

①郝时远. 21世纪民族问题的基本走向［J］. 国外社会科学，2001（1）：5－11.

以灵气；野生植物，给人以快乐；对自然万物加以保护对一切生物生命的珍惜关爱深刻体现了蒙古族生态伦理观念的精神特质。千百年来，蒙古族人民的自然崇拜展现了人们对自然的浓烈情感，强化了人们对自然界的质朴心理，体现在蒙古族人民生产过程和生活行为的方方面面，并且被提升为对于自然的敬畏与崇拜和对于万物生命的禁忌与守护等生态意识，这对于保护草原上的特有植物和珍稀野生动物起到了重要的作用，进而对草原生物多样性进行了有效的保护。

其四，维护生态安全的价值。科尔沁的蒙古族游牧经济造就了朴素的生态文化观，是蒙古族先民适应恶劣的自然环境而形成的一种文化选择，[①]在历史上起到了维护北方生态安全的重要保护作用。历史发展证明，各民族源远流长的文化观念中确实蕴含了较之于现代科技并不逊色的生态智慧和生态技能，适合民族地区发展的地方性知识，在维护地区和谐稳定、保障人类生态安全方面可以发挥极其重要的作用。[②] 诚然，有学者指出历史上形成的地方性生态知识仅仅适合以前那种落后的生产方式，满足较低水平的生活要求，而且适用于维持较少人口数量的生存需要，对于解决当前时代人类生存与发展中所面临的异常严峻的环境危机，它并不具有实际仿效价值，难以对现实生态问题提供真正指导。[③] 但是，不容忽视的现实困境与时代发展的迫切需要，促使人们反思工业文明造成的生态危机严峻后果，以继承与发展、创新为指导，吸收历史优秀的文化传统，实现与现代科学技术、绿色技术、生态技术相结合，这样才能营造出既具有鲜明民族个性，又符合新时代资源环境发展要求的生态保护观念。

千百年来积淀形成的蒙古族生态文化，是经过历史和实践检验的适合于本民族地区特殊的地理环境和生产生活实践的文化形态，对于当地生态资源的合理配置和有效利用，构筑地区生态安全屏障，维护生态环境和地区安全意义重大。

---

①包庆德，蔚蓝，安昊楠．生态哲学之维：蒙古族游牧文化的生态智慧［J］．内蒙古大学学报（哲学社会科学版），2014（6）：5－11．

②杨庭硕，吕永锋．人类的根基：生态人类学视野中的水土资源［M］．昆明：云南大学出版社，2004：85－91．

③王东昕．解构现代“原始生态智慧”神话［J］．云南民族大学学报，2010（4）：40－44．

# 第3章　科尔沁沙地生态治理现状及成因分析

科尔沁沙地生态治理，关系到我国北方生态安全屏障和祖国北疆安全稳定屏障建设，开展沙地生态保护，努力实现生态文明建设再上新台阶，既利于区域内各族群众的生存和发展，也利于华北、东北生态环境的保护和改善。进入21世纪以来，科尔沁沙地生态治理已经初见成效，以科技创新推动绿色发展，实现了草原沙化治理的良性逆转，探索形成了富有成效的多样化沙地生态综合治理模式。然而不容忽视的现实问题是，科尔沁沙地生态治理进入“进则全胜，不进则退”的转折点和关键期，自然环境状况依然极为脆弱，依然存在经济发展方式粗放、区域发展不平衡、公共服务能力不强、管理不善与制度缺失等突出的现实问题，科尔沁沙地生态治理陷入重重困境。党的十九大的召开，提出了建设“美丽中国”的宏伟目标，为科尔沁沙地生态文明建设指明了方向。在全面建成小康社会的决胜期，要按照习近平总书记在2019年两会期间对内蒙古生态文明建设提出的新要求，保持加强生态文明建设的战略定力，继续推动实现科尔沁沙地生态治理持续良性发展。

## 3.1 党的十八大以来科尔沁沙地生态治理取得的成就

党的十八大以来，以习近平同志为核心的党中央，高度重视生态文明建设，持续推进生态环境社会体系和治理能力现代化。党的十八大正式将生态文明建设纳入“五位一体”的建设发展体系，党的十九大报告指出：“建设生态文明是中华民族永续发展的千年大计。必须树立和践行绿水青山就是金山银山的理念，坚持节约资源和保护环境的基本国策，像对待生命一样对待生态环境，统筹山水林田湖草系统治理，实行最严格的生态环境保护制度，形成绿色发展方式和生活方式，坚定走生产发展、生活富裕、生态良好的文明发展道路，建设美丽中国，为人民创造良好生产生活环境，为全球生态安全作出贡献。”① 从“五位一体”的总体布局到建设“美丽中国”的宏伟目标的确立，习近平总书记提出了一系列新理念、新思想、新战略，形成了加快建设富强民主文明和谐美丽的社会主义现代化强国的“生态文明篇章”，开启了生态文明建设的新时代。

科尔沁沙地独特的地理位置和特殊的自然生态系统，决定了科尔沁在中国华北、东北乃至全国生态大格局中占有特殊的战略地位。为摆脱风沙侵蚀，有效遏制荒漠化蔓延，自20世纪50年代起，早期科研工作者在科尔沁进行实地考察调研，开展草原沙化治理研究，试种人工林，开展固沙和防沙实验。20世纪70年代后期，科研人员不断采集水文、土壤、气候、树种等数据，为日后的研究积累了大量可靠调研资料。到了20世纪80年代，党中央、国务院高度重视内蒙古生态建设，实施“三北”防护林、退耕还林还草、京津风沙源治理等防沙治沙工程。至20世纪90年代末，科研工作者在人工造林、沙地固化、盐碱地土壤改造、引种树种等方面取得重要科研成果，特别是在科尔沁草原建立了10万亩的国家级沙地综合治理示范区，对科尔沁草原生态环境恢复总结积累了大量经验。

党的十八大以来，科尔沁沙地各级政府牢固树立和践行“绿水青山就是金山银山”的绿色发展理念，认真贯彻落实习近平总书记关于筑牢我国北方生态安全屏障的嘱托，为实现在祖国北疆构筑起绿色万里长城、打造祖国北疆亮丽风景线的殷切希望，坚持不懈地把防沙治沙、保护生态、发展林沙产业、改善民生摆在突出位置，取得了明显成效，为实现当地农业、畜牧业、林业、草业和旅游业的发展做出了积极探索。

### 3.1.1 草原沙化治理呈现良性逆转

进入21世纪以来，得益于党和国家的高度重视和防沙治沙重大战略举措的支持，科尔沁沙地各族人民共同努力、艰苦奋斗，使得该地区生态保护与建设工作取得了阶段性成果，防沙治沙呈现出“整体遏制、局部好

---

①习近平．决胜全面建成小康社会 夺取新时代中国特色社会主义伟大胜利［M］．北京：人民出版社，2017：23－24.

转”的良好势头，在全国四大沙地中率先实现整体治理速度大于破坏速度的良性逆转。

科尔沁沙地主体所在通辽市，依托“三北”防护林体系建设以及退耕还林还草、退牧还草等国家重点生态建设工程，坚持保护与治理相结合，造封飞、乔灌草相结合，市区内 2066 万亩沙化土地得到有效治理。2004 年中科院监测结果显示，科尔沁沙地率先在全国四大沙地中实现了整体治理速度大于破坏速度的良性逆转；根据全国第四次、第五次荒漠化和沙化监测显示，2005—2014 十年间科尔沁沙地荒漠化和沙化面积呈现双缩减趋势，极重度沙化面积减少了 36%，沙尘天气明显减少。以通辽市为例，通辽市坚持节约优先、保护优先、自然恢复为主的方针，开展植树造林活动，森林覆盖率由 20 世纪 70 年代的 8.9% 上升到 25.12% 达到 2258 万亩，通过退耕还草，禁牧、休牧、轮牧等方式实现草原生态恢复，生态环境日益得以改善。自 2012 年以来，通辽市以年均综合治沙 300 万亩的速度向前推进，完成退耕还林还草 624.3 万亩。2014 年以来，通辽市通过实施科尔沁沙地“双千万亩”综合治理工程，[①] 全市沙化土地面积实现逐年缩减，沙区植被覆盖度明显增加，沙区群众生产生活环境逐步得以改善，科尔沁沙地达到了“生态恶化整体稳定遏制，重点治理区域全面好转”的良好局面。

科尔沁沙地各级政府高度重视发挥治沙科研部门的作用，抓好防沙治沙典型示范区建设，充分发挥防沙治沙部门、科研院所和高校的作用，着力解决在荒漠化治理中的关键技术瓶颈，做好沙质土壤的基础研究，从政策上和技术上积极探索防沙治沙的有效模式，着力推广成熟的技术和建设体系，带动防沙治沙工作健康发展。通过建立沙地综合开发利用院士专家工作站，建设科尔沁生态科技示范园，为科尔沁沙地综合治理提供了强有力的科技支撑。同时，在防沙治沙中大力发展节水高效林业，坚持多树种、多林种多层次配置，结合本地实际，尊重自然规律，选用杨柳榆、樟子松、五角枫等抗逆性较强的优良乡土树种进行种植。由于沙地生态治理取得明显成效，通辽市被列入全国防沙治沙综合示范区和“三北”工程建设唯一地级示范市。

---

①科尔沁沙地：绿色铺就最美底色［EB/OL］. http://nm.people.com.cn/n2/2017/0906/c196691-30700044.html.

近年来，科尔沁沙地通过实施禁牧、草畜平衡政策，执行生态补偿制度，农牧民科学养畜的积极性得以提高，市场意识增强，传统的饲养方式和经营管理观念正在改变，少养、精养、加快周转、提高母畜比例等观念深入人心。通过飞播造林，人工栽植老虎刺、栽植松树等方式，之前一望无际的沙漠，目前有了明显的改善。位于通辽市奈曼旗西北部的苇莲苏乡是科尔沁沙地治理难度较大的乡镇之一，总土地面积63.71万亩，其中耕地面积8.14万亩、草地47.54万亩、林地3.81万亩。全乡辖13个行政村，科尔沁沙带贯穿全境，全乡共有4089户、1.47万人口。为改善环境、保护草原、遏制沙地荒漠化，实施禁牧措施，畜牧业养殖采取舍饲、半舍饲取代传统的放养方式。自2011年实行生态补偿制度以来，全乡实现阶段性甚至是全年禁牧，发放禁牧补偿。在禁牧政策的有效实施下，草原生态恶化的趋势得以有效遏制。①

### 3.1.2 初步建立功能较为完备的生态防护体系

党的十八大以来，通辽市林业局多方筹措资金，加大林业建设力度，生态建设成效显著，大力推进“三北”防护林国家重点林业生态建设工程，着力开展科尔沁区、科左中旗、科左后旗的重点区域绿化工作以及落实通道绿化、村屯绿化、农防林建设，积极落实退耕还林工程。经过多年坚持不懈的努力，通辽市森林面积增加到2044万亩，森林覆盖率比1978年提高14.2个百分点，森林植被总碳储量约2300万吨，土壤蓄水量增加4.7亿立方米，900多万亩水土流失土地、1500万亩农田、2000万亩草牧场得到有效保护，平原区90%以上基本农田实现网林化，绿色通道建设总里程7000多千米，国省干线绿化率达90%以上，3000多个村屯得到全部绿化，干旱、洪涝、风沙等自然灾害得到有效遏制。通辽市先后获得全国林业生态建设先进地区、全国平原绿化先进市、全国造林绿化模范城市、国家园林城市等荣誉称号，通辽市林业局被评为全国防沙治沙十大标兵单位。

通过采用封育保护、人工造林、飞播种灌种草、退耕还林还草、植物再生沙障等综合措施，对开鲁县北沼沙带以及扎鲁特旗巴彦茫哈沙带、乌

---

①数据来源：调查走访通辽市奈曼旗苇莲苏乡政府及当地农牧户（2018年）.

力木仁河南岸沙带、道老杜沙带、科左中旗珠日河沙带全面实施了科尔沁沙地综合治理工程。尊重自然规律因地制宜地实施多种多样的治理模式：在固定沙地主要栽种樟子松、文冠果，在流动半流动沙地主要栽植或飞播锦鸡儿等灌木，对于风蚀沙化比较严重的地区主要采取围封或者设置沙障的方式防沙治沙。①

表 3.1　通辽市林业生态建设完成任务情况（单位：万亩）

| 年份 | 2012 | 2013 | 2014 | 2015 | 2016 | 2017 |
| --- | --- | --- | --- | --- | --- | --- |
| 生态建设完成任务 | 210. 2 | 263. 7 | 193 | 354. 5 | 346 | 171. 9 |

在科尔沁沙地治理过程中，吸引了越来越多的国际援助和合作。中国“三北”防护林其中一个项目主要活动集中在科尔沁沙地，获得了来自国际的资金支持。该项目于 1990 年启动实施，比利时政府为此提供了总额为 712. 1 万美元的无偿援助资金。自 2011 年起，国家林业局和内蒙古自治区林业厅将通辽市列入欧洲投资银行贷款碳汇项目，申请欧洲投资银行贷款总计 850 万欧元，五年建设期内规划造林面积 14. 8 万亩，涉及科尔沁区等四个旗县区，该项目已于 2013 年全部完成。20 世纪 80 年代以来，来自加拿大、日本、美国和澳大利亚等发达国家和地区的专家学者及志愿者，来到科尔沁沙地参加植树造林活动，播下了绿色和友谊。日本沙漠实践协会会长远山正瑛（1907—2004）经常说的一句话是：“解决环境问题必须是世界一盘棋。”本着“绿化沙漠是世界和平之道”的崇高精神，退休后的远山正瑛于 1980 年来到中国以实际行动投身于内蒙古沙漠治理的艰苦劳作之中，成为中国治沙队伍中的国际战士和绿色公民。国内外环境保护志愿者纷纷参与到科尔沁沙地生态恢复与重建的植树造林活动中，从区域合作的角度来看，来自国内的支持和援助已初见成效，目前“中国记者林”三期工程已经胜利完工，全国妇联、北京市妇联和内蒙古自治区妇联在通辽市的科尔沁沙地共同营造了“京蒙巾帼世纪生态林”，海尔集团投资建设的“海尔林”也已形成一定规模；从国际合作的角度，来自各个国家和地区的植树造林合作项目也已经取得了显著效果，来自日本的绿色友人营造了“乌云林”、来自韩国的志愿者营造了“中韩林”、来自美国的国际友人

①数据来源：通辽市林业局.

营造了“中美友好林”。国内外环保组织和志愿者为科尔沁沙地生态文明建设添绿助力。

### 3.1.3 探索形成多样化沙地生态综合治理模式

长期以来，在党和国家的高度重视之下，科尔沁沙地政府、企业、社会团体和广大民众积极探索沙地生态治理模式，加快设立和建设生态特区，完善并推广适于半干旱农牧交错区的多样化沙地生态综合治理模式，例如通辽市扎鲁特旗“党支部+合作社+农户”的生态经济发展模式，通辽市奈曼旗“生态网”“多元系统”“小生物圈”等乡、村、户三级沙地综合治理模式，以及赤峰市敖汉旗发展草产业的“公司+ 基地+ 农牧户”的生态治理模式。

位于通辽市扎鲁特旗巴彦塔拉苏木的东萨拉嘎查，基于当地自然状况积极探索，成功地实现了将社会进步、经济发展、生态保护与脱贫攻坚相结合的创新实践，形成了“党支部+合作社+农户”的经济发展模式。东萨拉嘎查共有234户（其中贫困户37户），人口1072人（其中贫困人口113人），全村总土地面积11.4万亩。在嘎查党支部书记吴云波的带领下，于2013年筹建并于2014年1月注册成立了玛拉沁艾力（牧民之家）养牛专业合作社，吸纳了包括全嘎查所有贫困户在内的207户、986人入股合作社，达到90%以上入股率。合作社从最初注册资金550万元发展到2017年总资产2480万元。调研中发现，玛拉沁艾力养牛专业合作社形成特色发展模式，创建了从牧场到屠宰、深加工、销售和餐饮为一体的可追溯全产业链合作社。生产经营过程中严守生态底线，实现由粗放饲养向科学饲养转变，由GDP向绿色GDP的转变。将文化营销注入产品生产经营，借助互联网，实现“我在玛拉沁艾力有一头牛”的全程参与认养活动，让纯正、绿色、无污染的科尔沁黄牛走进千家万户。全村15000亩牧草基地，每年育肥出栏2批3500头牛，年产牛肉达2000吨，将“玛拉沁艾力”打造成为“绿色生态、天然草原、安全放心”的良心品牌。经过五年的建设发展，目前东萨拉嘎查已经成为通辽市“草原生态保护后续产业发展示范基地”、内蒙古自治区“专家服务基层试点基地”、全国“就业扶贫”示范基地。[①] 2019 年两会期间，习近平总书记嘱托全国人大代表、东萨拉嘎查党支部书记吴云波：“希望你们把这样的合作社扎扎实实地办下去，带领更多牧民致富奔小康。”[②]

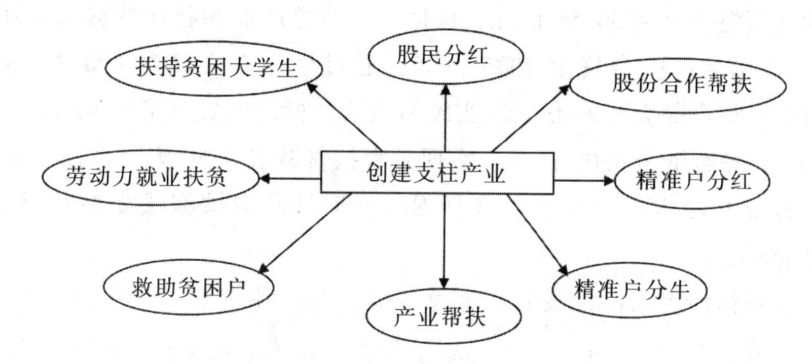


**图 3.1　内蒙古通辽市扎鲁特旗东萨拉嘎查精准扶贫模式**

通辽市奈曼旗创造性地探索出小生物经济圈治沙样板，为奈曼旗沙沼地区生态环境改善提供了范例，为农牧民群众治沙同时又致富闯出了一条新的发展之路。赤峰市敖汉旗是以农为主，农业、林业、牧业相结合的经济类型区，自 1979 年开始，全旗开展植树种草和治沙治山的各项工程。敖汉旗的主要经验就是大力发展草产业，积极扶持草产业龙头企业，通过发挥龙头企业的带动作用，实现了对内拉动全旗草产业发展、对外扩大草产品市场的双重效应。经过多年来持续不断的发展，草产业已经发展成为全旗农牧业支柱产业之一，在经济发展的同时也实现了环境的改善。成立于 2002 年的黄羊洼草业公司以“公司 + 基地 + 农牧户”的模式，实现农牧业产业化经营运作，打造了“黄羊洼”品牌，在产品生产和经营上实现了订单生产和零库存，赢得了涵盖东北、华北、西北 21 个省市自治区稳定的市场份额，而且走出国门远销韩国、日本、蒙古国、中东和欧洲等国家和地区。[③]

科尔沁沙地作为典型的“四区叠加”的区域，在推进全面建成小康社

---

①数据来源：走访调研内蒙古通辽市库伦旗东萨拉嘎查（2018 年）.

②上下同心再出发——习近平总书记同出席 2019 年全国两会人大代表、政协委员共商国是纪实［EB/OL］. http://www.china.com.cn/lianghui/news/2019 - 03/15/content _ 74573249 _ 3.shtml.

③赵凤鸣. 草原生态文明之星——兼论内蒙古生态文明发展战略［M］. 北京：中国财政经济出版社，2016：144.

会的关键期，将生态补偿与脱贫攻坚相结合，实现生态建设与精准脱贫的“双赢”。2016年，通辽市政府创新发展“五个一批”扶持措施，因户因人施策，体现了综合施策、多措并举。针对1.06万户近5万贫困人口，通辽市政府整合资金30.58亿元，扶持发展特色产业和就业减贫3.4万人，占比72.97%；整合资金1335万元，通过生态补偿减贫890人，占比1.91%；整合资金1.94亿元，实施易地扶贫搬迁安置减贫3230人，占比6.93%；整合资金1.08亿元，实现教育扶贫减贫4350人，占比9.34%；整合资金1.42亿元，实施纳入低保等兜底性政策措施减贫4125人，占比8.85%。①

从具体的实际操作来看，主要举措包括：扎实推进“三到村、三到户”项目，“一村一策、一户一法”，定点、定人、定责；直补建档立卡危土房改造贫困户；为建档立卡贫困户发放金融富民工程贷款、小额信贷；发展优势特色种植业和养殖业，激活庭院养殖、立体种植、林果业等多种庭院经济；转移就业；积极发展旅游业、电商和光伏产业；实施易地移民搬迁；全面落实生态补偿脱贫政策，采取有效措施让有劳动能力的贫困人口就地转成护林员、基层草原监理员或者村屯保洁员等；落实社会保障兜底政策；全面实施教育扶贫政策措施；实施健康扶贫工程，采取“未病先治”措施等。

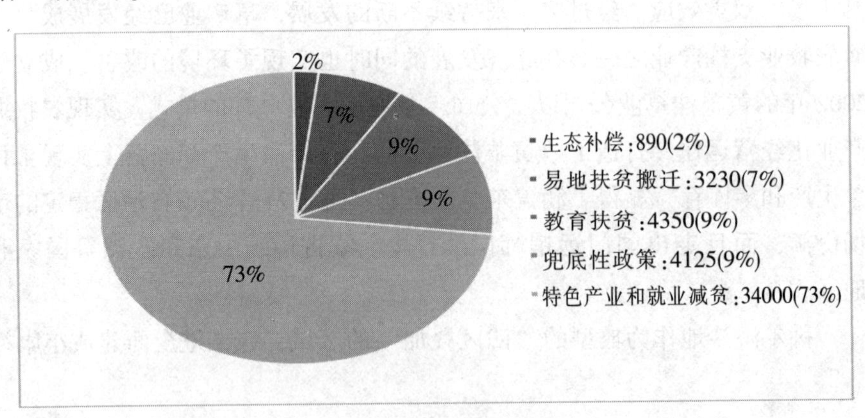


**图3.2　通辽市2016年精准扶贫减贫构成（单位：人）**

①数据来源：通辽市扶贫办.

### 3.1.4 依靠科技创新推动绿色发展

现代科学技术发展以人类中心主义为导向，工业文明高扬人的主体性，造成了人在丰饶中的纵欲无度，致使技术和伦理的鸿沟空前增大，出现社会公正性以及生态上的失败，导致了人类生存危机。而实现对这些问题的改变，只有从科学技术模式上转变，将目标直接指向生态化，即生产的商品不是以高档和奢华为追求，不是以满足人们无止境的欲望为目的，而是从适应个性需求、适度满足生存欲望、注重兴趣爱好的标准出发，制造新模式、新格调的生产生活用品。

要实现人与自然的和谐，科技必须“绿化”。科技的发展和应用，不仅要为提高社会经济实力和综合国力做贡献，还应为良好生态环境的建立做出贡献。绿色科技符合生态化方向，表现为不仅农业、林业、牧业实现产业生态化，而且以化工、建筑、交通、服务等传统行业的科技工作也要以有利于生态化为方向。① 科尔沁沙地生态建设从农牧区产业结构的调整出发，聚焦高产高效和优质低耗的关键点，充分挖掘农牧业内在的发展潜力，切实提高沙土性质的土地在投入和产出上的比率，对尚未充分利用的自然资源进行科技开发，确保能够科学合理地加以使用。同时，在现有农牧业生产要素的基础上进行优化组合，积极拓展生产领域，有效培植新的生产力，进而促进生态系统的良性循环，达到经济、社会和生态效益的三赢。

科技创新的关键在于创新型人才的培养，为此企业不断强化生态责任意识，从高层次管理人才的选择上注重培养选拔既懂专业技术知识又有科学的生态意识的科技型人才，设立符合企业未来生态发展规划的科研机构，设立专项资金进行生态技术创新。

依靠科技创新推动科尔沁沙地工业化发展水平，以科技推动发展保护环境。实施创新驱动，重点支持先进轨道交通装备、节能与新能源汽车、电力装备、农业装备、新材料、清洁能源、生物医药等产业的发展，实现高端制造与绿色发展相结合，推动建立绿色低碳循环发展的产业体系。

---

①李桂花．科技哲思——科技异化问题研究［M］．长春：吉林大学出版社，2011：126.

2018年12月29日，内蒙古首条高铁——通新高铁开通运营，[①] 标志着内蒙古第一条纳入国家高铁规划“八横八纵”铁路网正式建成，这对于东北亚经济圈、环渤海经济圈以及京津冀一体化经济发展具有重要意义。

在互联网时代，通过互联网、物联网、云计算等信息技术，创建全产业链的智慧农牧业系统，应用于农牧业生产、经营、管理和服务等各个领域。目前，通辽市开鲁县已经借助于绿云信息集成了包括农牧业专家诊断系统以及病虫害诊断系统在内的十大应用系统，农牧民可以通过智能手机实现足不出户即可享受到科技服务的全新体验。[②] 创新农牧业产业发展模式，大力开发实用技术，特别是名优特新良种的培育技术、耐旱耐盐碱树种选育技术、高附加值经济树种的栽培与加工利用技术，等等。科尔沁沙地林业发展重点实施科技创新战略，一是逐步建立和完善人才培养的体制、机制、政策，二是多渠道增加科技投入，三是确立扶持企业的技术创新主体作用，提高市场化水平。[③] 大力推广薪炭林、生物能源林、灌木饲料林和建设牧草基地，逐步推进沙产业、草产业、生态旅游产业发展规模。

科尔沁沙地因地制宜发展特色经济，绿色产业发展取得了初步成效。第一，沙产业稳步发展。充分利用风积沙发展循环经济，通辽市引进成立奈曼旗乌兰蒙东水泥公司和库伦旗东蒙水泥公司，年设计生产能力达到270万吨，年产值1.6亿元。工业用砂向效益提升型转变，通辽市先后建立了通辽矽砂工业公司、大林型砂厂、长江造型公司、奈曼旗东升玻璃制品厂、福耀玻璃等以硅砂为主要原料的地方工业企业，形成以玻璃、矽砂、砂砖为主要框架的沙产业体系，实现工业用砂深加工。开发建设沙产业园，向高层次产业方向发展。第二，草产业持续发展。通过明确草原权属，规范承包经营，以龙头企业为纽带，建立草业专业合作社，生产紫花苜蓿、沙打旺、柠条等系列草产品。借助于草产业发展，赤峰市敖汉旗生态环境得到极大改善，被内蒙古自治区评为“全区人工牧草种植及草产品开发第一县”，被国家评为“全国人工种草第一县”，被联合国规划署授予

①内蒙古首条跨境高铁——通新高铁29日开通运营［EB/OL］. http：//www. nmg. xinhuanet. com/xwzx/2018－12/28/c_ 1123916932. htm.

②杭栓柱，胡益华，朱晓俊，胡伟华等．内蒙古“十三五”若干重大战略问题研究［M］．内蒙古大学出版社，2015：144.

③黄鹤羽．西部生态环境建设发展战略探讨［J］．西部论丛，2002（3）：19－23.

“全球五百佳”荣誉称号。第三，林产业不断壮大。在通辽市，以木材加工、果品、种苗花卉和林下经济为主的林业产业体系基本形成。商品用材林基地 500 万亩以上，以沙地葡萄、中小型苹果等为主的鲜果产业栽植面积达 60 多万亩，以山杏、大扁杏为主的干果类经济林达 260 万亩，林木种苗花卉培育面积 10 余万亩，林下种养殖、食用菌培育等林下经济产业也不断得到发展。第四，清洁能源产业初具规模。科尔沁沙地具有丰富的太阳能、风能资源，初步形成新能源产业规模。仅以通辽市为例，目前全市风电装机 413.28 万千瓦，完成发电量 46.55 亿千瓦时；光伏发电装机规模 105.8 万千瓦，其中，已建成集中式光伏扶贫规模 21 万千瓦，完成发电量 6.98 亿千瓦时。第五，生态旅游产业蓬勃发展。科尔沁沙地是红山文化与辽文化的发祥地，曾是成吉思汗胞弟哈布图·哈萨尔的领地，清孝庄文皇后、抗英名将僧格林沁将军、民族英雄嘎达梅林的家乡。以科尔沁 500 千米风景大道自驾游为代表，科尔沁左翼后旗大青沟自然保护区、扎鲁特旗特金罕山旅游区、库伦旗银沙湾、奈曼旗宝古图沙漠公园等生态旅游产业吸引了国内外众多旅游者，年产值达 20 亿元。

## 3.2 科尔沁沙地生态治理面临的问题与困境

荒漠化给科尔沁沙地带来了严重的影响，致使农业生产条件和自然环境不断出现恶化，旱涝灾害逐渐加剧，土地生产力呈下降趋势，破坏居民生存环境，危害国土安全。当前科尔沁沙地生态治理中仍然存在诸多的困难和问题，亟待各级政府、各部门、企业、社会团体和广大公民的共同努力加以克服，从而真正实现建设美丽中国、构筑生态安全屏障、开展生态保护与建设的预期目的。

### 3.2.1 生态系统功能退化

科尔沁沙地位于中国北方生态环境敏感、半干旱的农业和畜牧业交错地带，沙性土壤广泛分布在平原和大部分丘陵地区，年平均风速为 3.5 ~ 4.5 米/秒，极大风速能达到 31 米/秒；一年四季特色鲜明，春季大风较多，气温骤升现象较为常见，夏季短促炎热，降水较为集中，秋季气温剧降，多见霜冻现象，冬季漫长严寒，寒潮频发；水资源紧缺，地下水贫乏，人均占有量低，年平均降水量少而且季节分布不均，这些是造成科尔沁沙地生态环境极为脆弱的基本因素。

对外界扰动极其敏感和时空波动性强是科尔沁沙地生态环境脆弱性的主要体现。这种敏感性最为突出的表现就是极易受到外在环境因素发生改变的影响而引起整体生态环境发生重大变化。科尔沁沙地的环境因子基本处于临界状态，由于极其特殊的地理地貌特征加之自然气候因素的影响，当地生态系统退化严重，自我修复能力较差，对于外界干扰的抗击能力极弱，极易造成生态系统功能进一步退化。科尔沁沙地生态系统受到自然因素的影响，具有时空波动性强的突出特点，气候、降水、温度、大风天气等诸多因素极易产生不同的年际和季节的大幅度、大规模的不规则变化，造成生态系统组成界面的不断变迁，直接呈现出生物多样性的波动，对周围关联区域产生直接影响，加剧生态问题的恶化。

从目前的情况来看，科尔沁沙地环境退化状况仍十分严重，土地大面积退化、沙化，植被退化、水资源短缺、土地适宜性降低、土壤沙化、自然灾害频发。尤其是在人为造成的对于自然不合理的干扰活动作用下，科尔沁沙地生态系统相比于50年前发生了质的改变，曾经美丽的科尔沁大草原其原生植被已经遭到彻底破坏，演变为现在的沙地生态系统，这就直接导致对地区经济发展的资源支撑能力不足，在财政支持、技术水平、配套条件等方面明显受到制约的情况下，大规模的生态治理缓慢而艰难。

### 3.2.2 环境立法体系不完善

习近平总书记指出："在生态环境保护问题上，就是要不能越雷池一步，否则就应该受到惩罚。"① 生态保护红线的实质是生态环境安全的底线，但是在生态环境保护管理制度中却缺少刚性规定，缺少明确法律法规条文支撑其权威。科尔沁沙地生态文明建设法治化的道路从目前来看，存在诸多问题和不足，主要表现在立法不健全、执法不严格、司法介入存在制度缺失等问题。

从立法来看，国家层面上，我国目前严重缺乏生态文明建设方面的综合性法律，专门针对边疆民族、生态脆弱地区生态文明建设方面的法律法

①习近平在中央政治局第六次集体学习时的讲话［N］. 人民日报，2013－05－25.

规更是缺少，只是散见于一些环保方面的法律法规中，这显然与生态文明建设的地位不相匹配。民族地区层面上，贵州省出台《贵州省生态文明建设促进条例》和《贵阳市建设生态文明城市条例》这两部法规后，生态文明建设快速发展，近年来亮点频频，进一步验证了法律对生态文明建设的推动效果。

从执法来看，科尔沁地区生态执法力量薄弱，依据《环境保护法》虽然环保部门有强制执法权，但是执行过程总是受到各种因素的制约，随着生态文明建设范围的扩大、程度的加深，传统形式的环保部门推进的生态环境执法体系已经难以适应当前生态文明建设实践的发展要求。具体表现在：受经济发展与环境保护矛盾困扰，片面追求经济利益而忽视生态环境，执法部门常常受到各方面干预尤其是行政干预，各种关系网和利益链的繁衍导致执法工作难以顺利展开，进而削弱执法力量；生态文明建设作为一项系统工程，需要各部门之间协调合作，然而实际中经常呈现出“各自为政”和“相互推诿”现象；执法队伍存在经验欠缺、锻炼不足、知识储备不够、基本法律不清等现实问题。

从司法制度来看，存在着应对生态问题的局限性，以聚焦人身和财产纠纷为主的司法难以介入生态纠纷。环境公益诉讼制度虽然在新修正的《民事诉讼法》第 55 条和新修订《环境保护法》第 58 条被确认，但在实际应用过程中可操作性并不强。对于原告资格，我国法律明确规定个人没有提起环境公益诉讼的权利，在一定程度上影响了司法介入。现行《草原法》增设了 6 条草原犯罪，但是，由于草原附属刑法与刑法典断档，使得草原犯罪的追诉只能间接套用刑法典其他罪名，尤其是“开垦草原罪”在设立后近十年时间里难以适用而无法追究刑事责任。① 环境纠纷的专业性、复杂性、艰巨性和多变性导致民族地区基层法官难以胜任此类案件的审理。由于环境诉讼的专业性程序过于复杂，具备相应能力的具有公益性的社会组织相对较少，致使当地群众的生态权益得不到有效维护。

在科尔沁沙地某些民族地区“人治”色彩浓厚，法治色彩淡薄，有法不依、执法不严、违法不究现象不同程度存在。例如《草原法》严禁开垦草原，但是由于农业的比较效益明显高于草原畜牧业，更高于禁牧休牧的

①刘晓莉．我国草原生态补偿法律制度反思［J］．东北师大学报，2016（4）：85－92.

效益，受经济利益的驱动，一些地方积极实施粮食增产计划，导致近年来个别乡镇开垦草原现象仍然屡禁不止，开垦草原、毁草种粮案件多发。①

### 3.2.3 经济中心主义观念严重

改革开放以来很长一段时间里，经济社会发展一直奉行“以 GDP 论英雄”之事，走的是“先污染、后治理”的老路。“增长决定一切”的思想付诸实践，致使在发展过程中片面注重经济利益，显然偏离了生态文明建设所倡导的绿色发展、人与自然和谐的理念。

在经济同政绩直接挂钩和科尔沁草原远离沿海无法享受到经济特区辐射带动作用的现实因素下，由于历史的局限性当地政府为了发展经济只能采取消耗自然资源的方式和引进高耗能企业的办法。以霍林郭勒市为例，霍林河煤田面积 540 平方公里，储量 119.2 亿吨，是国家规划的亿吨级煤炭基地、重要能源接续基地，当地政府为了获得高额税收，利用资源优势引进工业企业。由于该地煤层较浅采用露天开采地下矿产资源的方式，一方面促进了该地经济发展，另一方面导致草原荒漠化、沙化问题凸显。时至今日，科尔沁沙地大量产能过剩、经济增长模式粗放依然存在，经济建设与生态治理的矛盾日益突出。在广大农牧区，只顾眼前利益、追求经济效益，农民盲目开垦、广种薄收，牧民超载放牧、过度放牧，造成了林地的毁坏、草场的破坏，土地沙化日趋严重，增加了草原生态保护与建设的难度。

马克思指出：工业文明“一方面产生了以往人类历史上任何一个时代都不能想象的工业和科学的力量；而另一方面却显露出衰颓的征兆。”② 企业可以增加 GDP，增加 GNP、增加就业率、增加居民的收入水平，但是企业在日常生产过程中会产生工业废水、废渣、废气等污染物质，对周围环境产生重大影响。例如：化学污染、生物污染、物理污染。以奈曼旗化工园区为例，其生产过程中产生的烟尘和二氧化硫废气会引发雾霾天气，排放超标污水会导致天然水体变黑、发臭、吸引蚊虫引起大量细菌繁殖，最

---

①赵凤鸣．草原生态文明之星——兼论内蒙古生态文明发展战略［M］．北京：中国财政经济出版社，2016：113.

②马克思，恩格斯．马克思恩格斯选集（第 1 卷）［M］．北京：人民出版社，2012：775－776.

终以该园区关停收场。这说明，人民群众对美好生活的需要与日俱增，生存环境的质量高低问题成为当下一项重要的民生问题。企业片面追求经济利益，不重视生态环境保护的时代已经成为过去。

从2002年开始，国务院、发改委、环保局下发了一系列关于淘汰产能落后、污染严重、能耗大的企业的文件。然而由于片面追求经济GDP的增长而无视环境的污染，科尔沁沙地在招商引资的过程中引进了严重污染的企业，其中2003年梅花味精厂的投资建厂就是一个典型案例。2005年国家环保总局对通辽梅花公司处罚指出："对这样一个严重违犯国家环保法律法规的企业，当地政府却甘当违法企业保护伞，免收企业包括排污费等所有行政费用。"① 不可否认，梅花味精厂的建立在一定程度上为通辽市创税立下功劳，然而随之而来的环境污染成为通辽市民挥之不去的噩梦。梅花味精厂排放的生产废料造成了附近地区水污染、大气污染、土壤污染，严重影响周边居民生产生活。金山银山抵不上绿水青山！梅花集团违反环境法肆意排污、违反土地法擅自改变土地用途，致使曾经甘甜的水渐趋污浊，往昔干净的空气如今散发着酸腐恶臭，肥沃的土地逐渐演变成污水池。片面追求经济利益却付出了资源环境重大代价，环境污染造成的巨大损失短期之内难以弥补。这个情况说明，如果一味追求经济GDP增长，让环境变得不适合人类居住，让健康人变成病人，那就不但不是中国梦，而且会变成中国人的一场噩梦。

### 3.2.4 管理不善与制度缺失

科尔沁沙地生态文明建设尚处于探索与起步阶段，仍存在许多制度上的不充分、不健全的状况，存在着管理体制上的弊端和短板，存在着一定程度上的"政府失灵"现象，表现为制度陷阱、官僚主义、寻租行为、地方保护主义、部门本位主义等。

地处北部边疆少数民族地区的科尔沁沙地，是国家扶贫开发重点旗县集中地区，面临生态环境治理与脱贫致富的双重重任。内蒙古通辽市的库伦旗、奈曼旗、科尔沁左翼后旗以及赤峰市的敖汉旗、巴林左旗、巴林右

①梅花集团通辽项目再遭污染质疑［EB/OL］. http://finance.people.com.cn/GB/9285576.html.

旗、翁牛特旗、阿鲁科尔沁旗都属于国家级扶贫开发工作重点县,[①] 严重的贫困状况与生态环境治理之间产生了尖锐的矛盾。草原保护与修复是一项综合性的系统工程,涉及退牧还草、草原自然保护区建设、石漠化草地植被恢复、牧区水利等等各项具体工程。但是,近十年来,在科尔沁沙地主要实施了退牧还草项目,而且采取的主要措施以落实草原围栏开展生态保护为主,95%的资金用于草原围栏建设,在青储窖建设、饲料机械、牲畜棚圈、技术支撑、市场对接等方面的投资基本没有,缺乏对于禁牧休牧后保障畜牧业生产发展的建设资金投入。

科尔沁沙地荒漠化治理的理论探索和政策措施研究较少,尤其从政府角度进行研究明显滞后,治理技术研究多,政府宏观战略角度研究较少。由于财政投入严重不足,科技支撑不力,生态治理项目的资金管理滞后,管理人员数量少能力低专业知识匮乏……制度的缺失、政策的失利,种种原因使得科尔沁沙地生态治理陷入重重困境。

帕纳尤托(Panayotou,1993)提出的环境库兹涅茨曲线(Environmental Kuznets Curve,简称 EKC 曲线),揭示了环境污染程度与人均收入水平关系之间呈现出倒“U”形。环境库兹涅茨曲线表明生态环境治理、修复与保护与经济发展的支持具有相关性:一方面,不合理的经济开发活动导致生态失衡的恶果;另一方面,实现生态修复和环境治理需要投入大量的资金和技术。

科尔沁沙地不仅是典型的生态环境脆弱区、众多少数民族聚居区、北方重要的生态功能区,还是全国特殊贫困地区,呈现出“四区叠加”的突出特点。在开展环境治理实现生态恢复过程中,防沙治沙、植树种草等各项工程的开展需要大量的资金投入,然而目前实际投入严重不足。以敖汉旗当地小流域治理工程为例,按照每平方公里项目治理坡耕地 0.5 平方公里、治理荒山荒沟 0.5 平方公里,按工程实施的土方量和人工机械综合价测算的投资标准至少每平方公里 90 万元。但是,至今国家投资依然执行 2001 年小流域治理每平方公里国家投资 20 万元的标准,投资标准过低造成投资严重不足,致使全旗尚有 21 万公顷水土流失严重的荒山、侵蚀沟、

①扶贫办发布“国家扶贫开发工作重点县名单”[EB/OL]. http://www.gov.cn/gzdt/2012-03/19/content_2094524.htm.

荒滩坡耕地得不到及时治理。[①] 在通辽市，目前仅有“三北”防护林工程和造林补贴项目建设任务，每年任务不足 50 万亩，每亩造林补助不足 500 元，与实际需要完成 300 万亩综合治沙任务存在较大差距，国家的补助性投入远远不能满足生态建设的实际需要，防沙治沙资金严重短缺。[②]

地方政府在制定政策的过程中，仅仅考虑如何治理生态环境，缺乏对农牧民长久生计的考虑，致使大部分农牧民缺乏主动参与的积极性和热情，结果就是一方面在消耗人力物力财力治理荒漠，一方面贫困农牧民从生存和生计出发，滥垦、滥牧、滥采、滥樵，继续破坏土地自然恢复能力。在科尔沁沙地的草原牧区，生产补贴以及扶植政策仍不完善，牧民享受到的直接补贴数额较低、种类较少，难以支撑生产生活发展；牧民申请小额贷款存在着期限短、规模小的困难，畜牧生产往往缺乏后劲，牧业保险制度存在着保障性不全面、保障额度低等问题，导致在市场波动和严重自然灾害面前抵抗能力有限。而困难的牧区财政收支状况，不仅严重影响草原牧区畜牧业生产和经济发展，也难以真正做到退牧还草。

以通辽市奈曼旗苇莲苏乡为例，2018 年生态补偿标准为每亩草地补贴 9.66 元，全乡 47.54 万亩草地，人均补贴 312.4 元。草原生态补贴按照村内草原地亩数及村内人口数平均分配方式进行，致使各村补贴差异化十分明显。如五十家子村全村 7.74 万亩草地，补贴金额 747683.71 元，全村 241 户 734 人，人均可分 1018 元；东奈曼营子村全村 2.8050 万亩草地、补贴金额 270963.65 元，全村 640 户 1874 人，人均可分补贴 144.6 元。由于禁牧补贴分配不均，致使部分农牧民意见较大。在入户调研过程中发现，一些农牧民对于禁牧仍然表示难以理解，提出缩短禁牧时间的意愿。由于全乡 47 万亩草地仅有 10 余名管护人员，无法实现有效监管，偷牧现象时有发生。[③]

由于生态治理缺少科学技术上的重要突破，技术更新慢，科研与技术推广相脱节，科技对生态保护与建设的贡献率偏低，不能适应当前生态治理的需要。通过对通辽市和赤峰市树龄为十年的杨树人工林的调研结果显

---

①赵凤鸣．草原生态文明之星——兼论内蒙古生态文明发展战略［M］．北京：中国财政经济出版社，2016：230.

②数字来源：通辽市林业局．

③数据来源：调查走访通辽市奈曼旗苇莲苏乡政府及当地农牧户（2018 年）．

示：全株或半株死亡的面积占35%以上，20%左右的人工种植杨树呈现树梢枯干和小老头树状态，生长基本陷于停滞，属于残次林，两市直接经济损失85亿元人民币，如按国家林业和草原局关于生态效益核算办法核算，生态效益的损失价值要高于经济损失的数倍。全国著名的敖汉旗黄羊洼牧场防护林工程，杨树林大部全株或半株死亡，现已不对外开放参观，究其原因乃是缺乏无林地上大面积人工造林技术造成的。营造杨树人工林，科学的做法是：必须以水定林，以水为限，在年降水量400毫米以上、地下水位不低于4米且具有补水条件的状态下保障杨树林的生存和成长；在有灌溉条件的地方，在山区丘陵区的河谷营造杨树人工林；造林配置上，坚持“两行一带”行列式的模式；注意防治病虫害，采伐后及时更新。而通辽、赤峰地区正常年降水量350~400毫米，自然植被类型基本属于樵灌草结合的疏林草场，在无灌溉条件下集中连片地营造大面积的杨树是难以成活的。

资金拨付效率低，配套资金短缺，导致生态治理工程进度缓慢，严重影响治理效果。科尔沁沙地生态治理工程季节性强，施工关键时期集中在每年4~5月，但是中央生态治理项目投资下达往往较晚，甚至推迟至年底隆冬时节，而且由于报账程序繁杂、生态监理签认滞后等等一系列问题造成工程进展缓慢。通辽市境内急需重点治理的2000亩严重沙化土地，多处于防沙治沙任务重的国家级贫困旗县，地方财力有限，筹措地方配套资金方面压力巨大存在诸多困难，甚至个别财政极其困难的旗县生态治理项目的配套资金难以落实。

俗话说“生态治理，三分建设、七分管理”，然而基于中央和地方财政对于生态治理资金使用管理松弛等原因，致使资金拨付效率低、落实地方配套资金难、项目管理中财政管理缺位、生态治理资金的管理和使用分散，造成工程项目不能按期完工或者降低生态治理的质量标准，难以达到生态保护与建设项目的预期效果。

## 3.3 科尔沁沙地荒漠化成因分析

生态系统、地貌和气候的改变区分为自然现象和人为现象。凡是由宇宙活动、地球活动和生态系统变迁这三大原因造成的上述改变可以被视为自然现象，而由人类活动所带来的这些改变则应当被看作是人为现象。荒漠化实乃脆弱生态环境和人为强度活动相互影响、相互作用的产物，是人地关系矛盾引发的严重后果。内蒙古草原面积8666.7万公顷，其中天然草场面积超过6800万公顷，占全国四分之一以上。然而近代以来，内蒙古草原沙化日益严重，逐渐形成四大沙地：科尔沁、毛乌素、浑善达克及呼伦贝尔沙地，其中科尔沁沙地面积最大居于全国之首。

科尔沁沙地作为我国传统的畜牧业基地之一，历史上曾经是湖泊众多、林木茂盛、水草丰美的森林——草原景观。科尔沁沙地的形成，从自然因素来看，与当地内陆断陷盆地自地球第三纪以来堆积厚达200米的松散沙质沉积物有关。在气候逐渐变得干燥、特别是在植被遭受破坏的情况下，强风吹蚀引起地层表面活化，形成流沙，加剧了科尔沁沙地的荒漠化进程。

### 3.3.1 敏感脆弱的自然环境

科尔沁沙地位于我国农牧交错带东段，自然环境具有很强的敏感性和脆弱性。在20世纪初期，随着该地区农业活动的再次扩大，这一地区的风沙活动进入了一个新的活跃时期，科尔沁沙地原有的生态系统退化趋势明显，相间分布着固定沙丘、半固定沙丘、流动沙丘和甸子地，成为我国北方半干旱农牧交错带中比较典型的生态脆弱地区。

20世纪80年代中后期开始，科尔沁沙地变暖趋势更为明显，远远超过我国大陆平均增温水平。在2017年夏季，通辽市出现了罕见的持续高温天气，日最高气温42℃长达一周之久。科尔沁沙地的下垫面具有明显的沙性，不但生长植物的作用和能力不强，而且增温和放热速度快，向空中源源不断地输送干热的空气，在本区域上空形成强大的热空气屏蔽。这种干热的空气屏蔽，可以阻挡受积云催动形成降水的天气系统的运动方向发生改变，能够把势力不强的层云降水天气系统切割开。热源地域降水的减少，必然造成热源地域的气候出现恶化。

敏感脆弱的自然环境导致自然灾害频发。科尔沁沙地自然环境条件恶劣，具有多样性、复杂性和多变性的特点，这些因素都有可能成为影响农牧业生产发展的灾害性因素。对农耕而言，主要灾害有旱灾、水灾、雹灾、蝗灾等；对于畜牧业而言，除了这些灾害以外，还有“白灾”“黑灾”、病灾、狼灾、火灾等。

**表3.2　20世纪通辽干湿阶段**

| 起止年份 | 干湿期 | 持续时间（年） |
| --- | --- | --- |
| 1909—1927 | 湿 | 19 |
| 1928—1946 | 干 | 19 |
| 1947—1965 | 湿 | 19 |
| 1966—1989 | 干 | 24 |
| 1990—1998 | 湿 | 9 |

科尔沁沙地的自然灾害主要表现为以下几种情况：第一是旱灾。在春季，几乎科尔沁沙地的所有地区都会出现旱象，有很大一部分地方的干旱频率较高，能够达到60%以上。在20世纪20～40年代，平均每5年会发生一次旱灾；到了40～60年代，每3年左右就会出现一次旱灾；进入70年代，基本上每2～3年就肯定会出现一次旱灾。同时，连续出现干旱的天数从二十几天上升到五十余天。特别是近五年来持续干旱，甚至有时头场春雨推迟到了6月中旬以后。

第二是水灾。科尔沁沙地经常连续出现洪涝灾害。从1916年到1985年的70年间，连续两年出现偏涝和大涝的情况有10余次，三条河流同时发水累计10次，而两条河流出现同时发水的情况高达18次之多。根据王涛等①的研究显示，在1961年至2000年的40年历史发展过程中，科尔沁地区年平均气温升高的趋势比较明显，增幅在0.90～1.79℃之间，年际间降水量差距较大，出现旱涝灾害的可能性加大，对荒漠化起到了助推的作用。

第三是风灾。一般发生在春秋两季，尤其春季为强风多发季节。大风起时，卷起黄沙漫天飞舞，能见度大大降低。20世纪80年代初，受滥伐滥牧和气候干旱等因素的影响，致使草牧场破坏严重，出现很多流动和半流动状态的沙丘，风沙灾害越来越严重。1982年在大兴安岭西侧的牧区出现了罕见的黑风暴，造成大批牲畜死亡。

第四是雪灾。当深厚而持久的雪覆盖（大于15厘米时）就形成雪灾。

---

①王涛，吴薇，赵哈林，等．科尔沁地区现代荒漠化过程的驱动因素分析［J］．中国沙漠，2004，24（5）：520－528.

1985年11月6日至28日，哲里木盟（2000年撤盟建市，现为通辽市）出现大面积强降雪，个别地区降暴雪，雪后气温大幅下降10℃左右，导致17万多头（只）牲畜死亡。

第五是雹灾。通辽地区的冰雹主要集中在每年的6月至9月，据记载，1978年7月8日，位于哲里木盟科尔沁左翼后旗的铁牛乡马驾村降下一个重达8.5公斤的冰雹；2007年7月6日，通辽市库伦旗财音他拉嘎查的一匹马被冰雹击死。

第六是地震和霜冻灾。地震和霜冻曾不同程度地影响到通辽市奈曼旗、库伦旗、科尔沁左翼后旗和扎鲁特旗等旗县。2013年4月22日，科左后旗发生5.3级地震，[①] 造成甘旗卡镇近千平方米房屋倒塌，部分砖混房屋出现裂缝。

第七是病虫鼠灾。从1962年至1982年的20年间，病虫灾害损毁了哲里木盟大面积农田，受灾面积高达8788.5万亩，年平均受灾面积达到418.5万亩。严重的自然灾害使当地群众的生产生活受到了严重威胁，贫困程度进一步加剧，造成贫困人口大幅增加。

**表3.3　科尔沁沙地自然灾害情况**

| 灾害种类 | 1276—1948年 | | 1949—1981年 | |
|---|---|---|---|---|
| | 灾害次数 | 频率（%） | 灾害次数 | 频率（%） |
| 水　灾 | 6 | 0.89 | 9 | 15.6 |
| 特大旱灾 | 8 | 1.19 | 9 | 28.1 |
| 特大风暴 | 4 | 0.59 | 3 | 9.4 |
| 雪　灾 | 4 | 0.59 | 1 | 3.1 |
| 强霜冻 | 0 | 0 | 8 | 25.0 |
| 雹　灾 | 3 | 0.44 | 6 | 18.8 |

草原生态环境的变化，破坏了生态系统的食物链，草原上动物的食物网也变得越来越简单化。特别是“三化”（退化、沙化、盐渍化）草场的出现，致使草原上害虫、害鼠大量滋生，泛滥成灾。相反，草原上害虫和害鼠的天敌，如蜻蜓、瓢虫、蛇、鹰等动物却大量减少。近些年来，草原

①科左后旗地震部分房屋震裂［EB/OL］. http：//inews. nmgnews. com. cn/system/2013/04/23/010961879. shtml.

上多处发生了程度不同的蝗虫、鼠类等灾害，主要集中在北部地区，并有向东南方向蔓延的趋势。

科尔沁沙地沙生植被草原上生存着很多在地下挖洞而栖息的鼠科动物，以黄鼠（沙耗子）、白鼠、大眼贼等最多，有的地方每平方米出现过沙耗子10～12只。1998年洪水暴发，扎鲁特旗乌力吉木仁、查布嘎图、巴音芒哈一带，汇集到沙漠低洼处的洪水上漂浮着足有一尺厚的死老鼠，在沙包上幸免于死的老鼠密密麻麻数以万计，一脚下去足可踩到5～6只老鼠。[①] 鼠害成灾，致使科尔沁沙地的许多地方鼠洞遍布，沙耗子成群。据有关报道，各类老鼠栖息不定型、不定点，随气候和季节而变，挖洞很容易造成坍塌或堵塞，故使草原千疮百孔；草原植被被老鼠吃光，草原沙化、退化面积日益增大，荒漠化进程大大加快。

靠天吃饭的草原人民，非常容易遭受自然灾害的侵袭，由于缺乏抵御灾害的能力，影响了农牧业生产的发展。以牧业为主的草原人民，从事简单的生产经营活动，定期迁移畜群，为牲畜存储饲草，筑圈抵御灾害能力十分有限，一遇灾害，牲畜不免会冻饿而死。农业生产采取“漫撒子”“凭天收”的经营方式，当天灾来临，只能听天由命，降水过于集中时造成涝灾，降水稀少时又会出现旱情，稳定的粮食产量根本无法得到保障。

就自然因素分析，科尔沁沙地湿地退化、土地荒漠化的原因，与科尔沁沙地近一个世纪以来干旱多风、降水量减少、气温升高、蒸发量加大等气候条件密不可分，进而导致湿地补水减少、地下水位下降、沙尘暴频发等生态恶化问题。

### 3.3.2 过度利用土地的经济活动

科尔沁沙地生态环境质量的演变固然与其自然环境的脆弱性和水资源贫乏等因素相关联，但更与人为不合理的土地利用活动所导致的土地荒漠化密不可分。干旱的自然环境是形成荒漠化的基础，诱发荒漠化的因素主要是过度的人为经济活动。借助于蒸汽革命和电力革命的推动，人们不断寻求产品的多样性，生产者为了满足消费者需求和自身利益，在科尔沁草原伐木、开荒、采矿等等，对草原生态造成严重破坏。其中，最直接的成

①赵凤鸣．草原生态文明之星——兼论内蒙古生态文明发展战略［M］．北京：中国财政经济出版社，2016：116.

因是以下四种人类活动：一是土地因过度种植而出现衰竭；二是过度放牧导致大量植被破坏严重，使土壤失去了植被的保护；三是砍伐森林，使陆地的土壤失去了得以固定的树木；四是不科学的排水灌溉方法使农田碱化程度加剧。

科尔沁沙地荒漠化的社会因素主要表现为近代以来过度垦荒、超载过牧和过度樵采。据统计，造成北方荒漠化各种因素的比重中，过度放牧约占28%，过度农垦约占25%，过度樵采约占32%①，三项合计，约占85%。

过度垦荒。随着人口数量以及牲畜头数的增长，所需的粮食和饲料出现紧缺。于是人们开始无节制地开垦荒地，以实现作物产量的最大化，大多采取落后的生产方式，进行广种薄收，种植的农作物基本上两到三年就被撂荒了。结果，植被进一步受到破坏，失去植被保护的沙质土壤表层就会被逐渐风蚀和沙化。随着风蚀现象的加重，逐渐出现一些风蚀坑，流沙在风力的持续作用下开始向四周蔓延，最终联结成片，生态环境变得越来越差。农田被沙侵吞，村庄被沙掩埋，老百姓被迫背井离乡。20世纪六十年代后期的科左后旗甘旗卡镇潮海嘎查，平均亩产粮食曾经一度达到700公斤，八十年代中期以后，接近五分之四的土地沙漠化，短短15年的光景，黄沙彻底摧毁了当地人衣食无忧的生活，很多人不得不外出打工谋生，部分房屋无人居住。科尔沁沙地所形成的风沙环境大致经历了这样一个过程，即开垦草地种田→植被遭到破坏→土壤表层被风蚀和沙化→形成片状分布的流沙→形成风沙环境。垦荒是破坏天然植被最为严重和最为直接的一种形式，这种破坏对植被和地被极具毁灭性，且速度极为惊人，被破坏的植被在短期内无法得到恢复。

过度放牧。草地退化主要是因过度放牧造成的。合理利用草地，进行科学的放牧和适量的割草，不仅能够增强牧草的再生能力，还能提高其营养价值。而无度的放牧，不断增大放牧的强度，必然会降低植物的繁殖能力，导致生产力下降。随着人口的增多，畜牧业的发展的需要，当地牧民广泛采取靠天放牧的经营方式，草原植被亦开始退化，过度放牧使科尔沁草原植被覆盖率逐年减少。近几十年来，因对牲畜存栏数量的过分追求，

---

①李锦等．西部生态经济建设［M］．北京：民族出版社，2001：12.

造成每头牲畜占有的草场面积大幅降低，草场严重超载，牲畜与草场之间的供需关系失去了平衡，过度放牧使草场出现了大面积沙化和退化的现象。以扎鲁特旗为例，20 世纪 60 年代每公顷草原只需养 0.7 只牲畜，到 70 – 80 年代每公顷草原则需养 2 – 3 只牲畜才能满足需求。① 草原持续退化使科尔沁草原逐渐沦为科尔沁沙地，现如今变成了中国目前最大的沙地。

过度樵采。随着人口的增长，人们对薪材的需求量增加。荒漠化地区燃料缺乏，农牧民主要以天然植物和畜粪为燃料。本地区主要是以灌木和半灌木为薪材，大量樵采严重破坏了植被，尤其是在 20 世纪 80 年代之前，当地居民在冬季大量搂草，使地表土壤活化起来。同时，在搂草的过程中，大批牧草被连根拔掉，当年生的实生苗在搂草铁耙下，更是不堪一击。此外，挖甘草、割柳条、割麻黄等副业性采集，也不同程度地破坏了原有植被，打开了沙丘活化的缺口，最终导致沙漠化的出现。可见，不合理的滥搂滥采是造成土地退化、沙化的又一重要社会因素。②

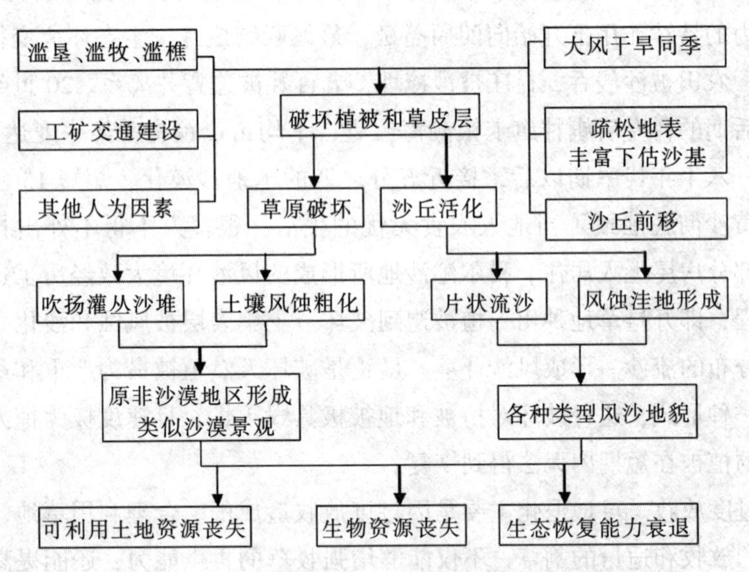


**图 3.3　科尔沁沙地土地沙化的形成过程示意图③**

---

①蒋德明．科尔沁沙地荒漠化过程与生态恢复［M］．北京：中国环境科学出版社，2003：34 – 54.

②蒋德明等．科尔沁沙地荒漠化过程与生态恢复［M］．北京：中国环境科学出版社，2003：55.

③姜凤岐、曹成有、曾德惠等著．科尔沁沙地生态系统退化与恢复［M］．北京：中国林业出版社，2002：60.

受自然环境和气候因素的影响，以及在人类无序、过度的开发行为等社会因素的直接作用下，使得广袤的绿色草原变成了无尽的黄沙，浩瀚的沙漠取代了美丽的大草原，“天苍苍，野茫茫，风吹草低见牛羊”的草原美景已经不复存在。

### 3.3.3 重经济轻生态的观念因素

受工业文明所奉行的现代哲学思维方式的影响，观念上割裂人与自然的关系，将人凌驾于自然之上，人的主体性得以凸显，造成人与自然的严重对立。在这样的对立之中，自然界受人的主宰，只是人利用和索取的对象，并在强调人的主体性和主体地位的同时，引发科学精神与人文精神、科学与道德的分离和对立，使人类中心主义价值观得到了发展。受这种价值观的影响，科学主义思想开始活跃起来，进而科学技术水平得到不断提高、生产工艺得到不断更新和完善，致使自然环境承受更加严重的损害。这种人类中心主义以及“人定胜天”的观念，导致了以生命和自然不可持续发展为代价实现人的持续发展，环境受到污染、生态遭到破坏，进而使自然和物种的多样性遭受损坏，其结果是损害后代的可持续发展。最终，将使“人——社会——自然”这一系统出现生存危机，陷入重重困境之中。

自从我国建立市场经济体制和实施可持续发展战略以来，分配不公、收入差距拉大、两极分化等问题日渐严重，造成了国民的不满情绪，也引起了政府的高度重视。处于中国北方的科尔沁沙地经济落后、人民穷困，对美好生活的向往与现实生活之间的差距造成人在心理上出现不平衡，导致生命被物化，享乐主义、拜金主义以及极端个人主义等现象比较突出。“心态环境”出现恶化，必然会影响到“生态环境”。当经济发展与环境保护二者出现矛盾、产生冲突时，人们往往会放弃长远利益而选择当前利益，即选择经济发展而忽视或放弃环境保护。当经济发展的直接利益与环境保护的长远利益发生冲突时，人们的理性选择往往是经济发展，也就是当前利益。①

国家的惠农政策和粮食价格的上涨，促使草原开垦之风日渐高涨。在

---

①穆艳杰．可持续发展中的“生态环境”与“心态环境”的关系［J］．长白学刊，2003（6）：27－30.

经济利益驱使之下，人们为了快速发家致富，无视生态环境规律，盲目开发自然资源，导致土地沙漠化现象日益严重，使人类面临非常严峻的环境形势，特别是由于某些经济发展决策的失当，一度出现了几次大规模的毁林毁草和开荒种粮事件，进一步使荒漠化灾害雪上加霜。

受经济发展处于初步阶段的限制，科技含量低，经营方式单一，不可避免地会出现过度索取自然资源，以牺牲环境为代价谋取眼前利益，大肆开发自然资源，带给环境巨大的压力的情况。原本水草肥美的科尔沁草原成为利益群体获取私利的牺牲品。自然逐渐丧失了源自本能的恢复功能，也就失去了原本的草原生态系统的特点，不能再发挥维护生态多样性的作用，生态环境不可避免地会遭到荒漠化的侵袭。1996 年，在经济利益驱使之下，扎鲁特旗开始大量开荒种地，甚至开垦了坡度在 25 度以上的山坡地，顺坡耕作，广种薄收，掠夺式经营。著名的罕山是典型的宜林适牧山地草原，无霜期只有 90 天左右，然而外地客商的铁铧犁仅仅几年时间内无情地拱翻了近 15 万亩原始草原，几千年的繁茂植被被破坏殆尽。“绿色城镇”鲁北是扎鲁特旗的政治、经济、文化中心，经“四荒”承包，城区附近的大面积沙性草地植被全部被拱翻，草原开垦之后被对外承包出去，租金第一年是每亩 280 元，以后租金根据土壤质地情况逐年减少。结果是一年开荒，二年打粮，三年五年变沙梁。种植玉米一般是耕种 6 年，种植绿豆一般是耕种 3 年，风就会把 70% 以上的土壤吹走，最终变成了白干土。大面积消失的草原给开垦者带来了非常可观的收入，每户年收入少的能达到 5 万元，多的能达到 70 万元左右。在“人有多大胆、地有多大产”等错误观念的指引下，人们盲目的开荒、种粮，无视草原特殊的自然条件和生存环境，造成了草原退化、沙尘肆虐，致使茵茵草原渐渐沦为茫茫荒漠。

造成科尔沁沙地出现荒漠化的主要原因还有生产投入过少以及不合理的系统结构配置等。在当前，该区域经济结构、土地利用结构、畜种畜群结构及种植业结构等都不十分合理。一味追求经济效益而忽视生态效益的短视行为，导致农地占比较大，而且绝大部分用于种植粮食，绿肥（饲草）作物和经济作物较少。林地所占比重较低，优质的牲畜品种少。另外，为了降低成本，节约生产，一些农地投入很少，仅仅是种子和人力畜力，因而基本上是依靠土地自身资源和潜力进行农业生产，致使投入和产出比例失衡，不仅违背了生态系统的内在规律，使生产难以为继，还极大地破坏了土地资源。新开垦的土地，一两年后开始大量减产，等到三四年后，土地基本上就丧失了生产力。

党中央在十一届三中全会后，对内蒙古的工作进行了全面而深刻的总结，指导内蒙古汲取工作中的经验教训，确定了加强人口管理和以林牧业为主发展多种经营的经济建设方针，为内蒙古自治区的经济、社会发展指明了方向。可见，科尔沁沙地持续稳定的工农牧业生产的根本途径就在于：加大种草种树的力度，提高植被的覆盖率，多措并举使生态平衡得到有效恢复，使风沙干旱得到有效遏制和防控，使农牧业生产经营方式更加科学合理，使商品经济实现良性发展。

#### 3.3.4 缺乏健全完善的法制约束

科尔沁沙地荒漠化过程中，存在着当地领导及群众无视国家法律及规章制度的现象，为实现经济发展、获取经济利益而无视生态环境建设，毁林开荒、毁草开荒，滥垦滥伐滥采，致使草场“三化”持续发展，生态环境趋于恶化。[①]

首先，法律观念淡薄，无视法纪强行开垦草地。由于违法成本低而守法成本高的情况普遍存在，因而在没有法律条文明确规定状况之下，会造成法无明文规定不违法的囧境，一方面助长破坏环境行为，另一方面增加社会不稳定性因素。由于科尔沁草原地域广阔、地形复杂，执法人员不能及时赶到事发地，导致执法不具有时效性。除此之外环境监督部门也面临执法效率低下问题，我国现行环境监督制度的职能是对各级环境监督部门进行规范，引导地方政府各部门应共同努力，探讨如何完善法律和监督制度。然而在现实中，各部门相互推卸责任，缺乏监管长效机制。虽然新修订的《草原法》已经颁布并实施多年，但是大规模的毁草开荒行为在草原地区仍然屡禁不止。2008 年发生在赤峰市巴林右旗巴彦塔拉苏木达兰花嘎查的垦草种田事件，就是当地嘎查长违法违规擅自开垦草原上千亩，使之变为了农田，而现实中这种被领导允许开垦的事件越发增多。可见，无视法律有法不依的情况依然严重，当地生态环境的形势非常严峻。一旦草原

①蒋德明等．科尔沁沙地荒漠化过程与生态恢复［M］．北京：中国环境科学出版社，2003：45.

被开垦成农地，就难逃变成沙漠的厄运。

其次，制度不完善，掠夺式利用草地。在人们的固有思想观念中，认为草地资源是大自然恩赐与人类的，是大家共有的财产，再加上我国现有的草地制度与农田制度相比，还不健全和完善，多年来草地利用一直处于无序和无度的状态，很多人觉得草地资源丰富无比，可以任意使用，造成用而不管、用而不养的后果。实质上是对草地资源的一种掠夺，这就是“公共地的悲剧”的真实写照。

因为生态环境的受益者与破坏者在利益方面并不是相统一的，而是存在着不对称性，因而就会出现为各自谋利的现象。草原作为公共物品，各方利益代表都有权利开发利用：既有由政府主导开发的草地，也有企业单位开发所占的草地，还有农牧民用于放牧和耕田所需要的草地。在多方利益的共同作用和实际操作下，休牧轮牧等保护和建设草原的政策措施就难以真正落到实处，所以在监管不到位的情况下，就会出现大量的为寻求私利而违法乱纪的现象。

很多地方政府受经济建设绩效考评指挥棒的影响，采取各种措施千方百计地推进经济建设。为了发展经济，兴起了招商引资热潮，提供减免税费、无偿使用土地等优惠政策，甚至为一些高能耗、高污染排放的企业开辟“绿色通道”，违法违规办理有关手续和证照。这些优惠政策往往是以付出资源环境为代价的，获得的经济利润也大都是以污染环境、破坏环境为条件的，造成草地生态环境恶化、荒漠化严重，人与草原生态环境之间的关系越来越不和谐。

此外，为了获得最大的利润，政府和牧民普遍存在盲目追求牲畜头数的误区，草原利用的强度被人为地加大。尽管实施了草牧场使用权、所有权以及有偿承包和使用制度，然而由于配套的措施还不完善、不健全，特别是草地监理部门在以草定畜和分区实行轮牧等方面未能对牧民进行有效的指导和监管，致使放牧时间被延长、放牧强度被加大，这种掠夺式的使用草地资源的做法，只会使草地退化、沙化愈演愈烈，加速科尔沁沙地荒漠化的进程。

### 3.3.5 超出环境承载能力的过度开垦

新中国成立以后，在科尔沁草原发展和建设过程中，为了满足生存的需要，人们一味地向自然索取，重农轻牧，滥垦、滥牧、滥采现象日趋严重。生态资源属于可再生的资源，然而人们对生态资源的需求大多会超过其再生的速度，使二者之间的供求矛盾变得非常尖锐。由于过度地开垦草地和林地，再加上粗放式的经营活动，土地荒漠化进程更加迅速。在草场退化的条件下，广大农牧民受到经济利益的驱使从而丧失了对自然的精神依恋，疯狂地掠夺和破坏自然，这种疯狂的行为又使人与自然之间的隔膜越来越深。如此恶性循环的最终结果是，“生态环境”不断恶化，直至彻底被破坏掉。

人与自然之间的关系是多维而丰富的，它们相互作用和制约，使人与自然处于一种相对平衡的状态。然而，一旦这种平衡被打破或者破坏，就会使人与自然间的关系产生矛盾甚至恶化。当人的生命被物化，人就变成了自然的人，人与自然的关系也就变为了无底线的物欲关系。十一届三中全会以来，伴随着改革开放的步伐，科尔沁沙地经济发展速度提升，农牧民的生活得到了大幅度改善。特别是进入到 21 世纪，广大农牧民生活渐渐摆脱贫困，走上富裕之路。但是盲目追求过度消费、超前消费、奢侈消费又使得物欲超过自然环境的承载能力，生产生活条件的改善却付出了环境污染、生态恶化的惨痛代价。在考察经济发展中消费所起的作用时，马克思曾经对过度消费进行了批判，认为恣意放纵挥霍的行为其实是一种精神空虚的表现。

人是灵与肉、自然与精神的统一体，生命被物化之后，人所具有的自然特性的一面迅速膨胀，精神方面的特性逐渐缺失，统一体的相对平衡被打破。人过度追求物质利益，就会使生活节奏变快，精神高度紧张，体力上疲于奔命。过度消费既不反映人类的真正需要，又加重了自然界的负担，只会浪费大量的物质财富，使自然资源逐渐萎缩变少，地球生态遭到破坏，人类居住的环境日渐恶化。

现今，使草原遭受严重破坏的还有摩托车、汽车等机动车辆，而这一切后果都与人的行为选择直接相关。随着生活条件的改善，草原牧民放牧和出行基本都告别了马背转而依靠摩托车、汽车等现代化交通工具，草原上因此也出现了纵横交错的道路。这些道路都是司机为了出行方便自行开辟的，经过长期的车轮碾压，路面已经沙土泛起寸草不生，使碧绿的草原饱受创伤。

当人类社会处于早期阶段的时候，自然环境虽然也受到人类消费行为的影响，但这种影响还处在可控的范围之内，自然依靠自身的恢复功能，就能够使生态维持平衡。但随着人类消费水平的提高，对自然产生的影响无论从范围上还是力度上都是巨大的，自然依靠自我恢复能力已经无法维持生态平衡。由此，人类必须对于消费行为给自然造成破坏的问题进行深刻的反思，要积极探索可持续的、能够维持生态平衡的合理消费模式。

### 3.3.6 快速增长的人口因素

半干旱的生态环境是比较脆弱的，大量增加的人口给环境带来了巨大压力，造成环境退化，而且这种压力日渐增大变为了第一性的压力，并引发了各种超限度、超常规的经济活动，畜牧业也是在人口增长的因素影响下而迅速发展起来的。受经济技术水平的制约，农牧民为了满足日益增长的物质文化生活需要，只能通过扩大自然资源利用率的方式来提高经济效益，草场和耕地的使用强度增大了，有限的自然资源也必将承受过度使用的压力，最终将造成植被遭受破坏、土地逐渐沙化的后果，土地的生产力开始变得越来越低，陷入恶性循环的沙地生态系统将无法修复和逆转。

科尔沁草原在历史长河中曾是河流众多、水草丰茂、牛羊成群的美丽富饶之地。但是从 19 世纪中后期开始，西辽河上游人口增多，人们为了生存盲目开垦土地、毁林开荒，导致水流遭到破坏，沙丘面积扩大，草原荒漠化和沙化的现象增多。在进入半殖民地半封建社会以来的旧中国，内地出现了越来越多的过剩人口。为了填补国库空虚及缓和阶级矛盾，清朝政府开始推行“开放蒙荒”政策，鼓动内地的极端贫困人口到内蒙古开荒种地。1901 年，《辛丑条约》的签订，使得内忧外患的清政府在“移民实边”的思想指导下推出了所谓的“新政”，通过放垦蒙地来增加财政收入，科尔沁等蒙地开发的序幕被拉开，大量移民流向蒙地。到了清朝末年，移民到哲里木盟①的内地农业人口已经接近 230 万。

北洋军阀和国民党政府沿袭了清朝后期的鼓励垦荒政策，而铁路的运营又助推了移民活动，因此近代以来汉族人口的数量在内蒙古地区迅速增长。在民国刚刚建立的时候，实行的是暂不放垦蒙地的政策。待政局基本

①注：内蒙古通辽市前身为哲里木盟，于 2000 年撤盟建市.

稳定后，北洋政府先后制定了允许放垦游牧地的有关通则、办法和条例，为从内地移入蒙地的农业移民提供了政策保障。及至 1916 年，相对比较而言开垦时间较早的哲里木盟东南部人口密度迅速增加。如农安县人口密度达到 132.43 人/$km^2$，远远超过该盟未开放时科尔沁腹地人口密度（2.40 人/ $km^2$）。从 1923～1929 年的七年时间内，就陆续有近 300 万人口来到内蒙古和东北一带定居，平均每年增加 40 余万人口。加之，一些与兴安屯垦军相类似的移民政策，使移民队伍大量流往科尔沁。民国 18 年，从 5 月中旬到 6 月中下旬近 40 天的时间，“兴安屯垦公署”就移来河南灾民 4800 余人。到了伪满时期，科尔沁人口数量随着流民的大量移入而激增，在 6 年时间里，人口密度增长了近 2 倍。作为科尔沁的主体，兴安西省和兴安南省在 1932 年至 1941 年十年间净增人口 101 万余人，增长速度达到了年均 13.4%。

**表 3.4　1916 至 2000 年科尔沁人口密度变化（单位：人/$km^2$）**

| 年份 | 1916 | 1935 | 1941 | 1953 | 1982 | 2000 |
|---|---|---|---|---|---|---|
| 人口密度 | 2.40 | 6.75 | 11.18 | 13.32 | 32.34 | 39.72 |

在整个 20 世纪，人口从关内向科尔沁的迁移是人口增加的主旋律。近一百年来，科尔沁沙地三次大规模人口迁入，导致人口密度大幅增加，在不到一个世纪的时间内，科尔沁人口数量激增，平均人口密度大幅攀升，翻了近 17 倍。据中科院的一项研究显示，人口压力是造成生态平衡出现失调的首要压力，并由此引发了其他不合理的经济活动。① 人口大量而无度的迁入，是牧区滥垦、滥伐、滥采、滥牧现象无法禁绝的深层次原因。大量过剩人口的涌入，严重超过了原本就已经十分贫瘠土地的承载能力，对自然资源无情掠夺，最终导致生态失衡。

新中国成立以后的 30 年内，有计划地向内蒙古移民是国家人口政策的主要特征之一，也因此使内蒙古成为我国人口迁入的重要地区。1954—1981 年 27 年间，整个内蒙古自治区净迁入约 314 万人口，主要分布在自治区的南部和东南部。这一区域既有农业区，也有半农半牧区。哲里木盟的人口自 1949—1983 年的 34 年间平均增长率为 3.19%，占全盟人口

①参见秦大河，朱文元．中国人口资源环境与可持续发展［M］．北京：新华出版社，2002：10.

82.5%的农业人口已增长1.7倍；全盟人口密度已达41.5人/km²；1985年末全盟总人口已达258万人，人口密度已达43人/km²。在国家移民政策的影响下，科尔沁人口在近30年内翻了两倍之多。

**表3.5　科尔沁沙地主要旗县人口密度变化（20世纪70～90年代）**

| 年代 | 通辽 | 科尔沁左翼后期 | 开鲁县 | 库伦旗 | 奈曼旗 | 彰武县 |
|---|---|---|---|---|---|---|
| 70 | 100～300 | <30 | <70 | <30 | <40 | 50～100 |
| 80 | 355 | 30 | 70 | 34 | 43 | 101 |
| 90 | 396 | 33 | 79 | 35 | 46 | 108 |

在生态系统中，人口作为能动因素，既有积极的一面，也有消极的一面。大量人口被移民至科尔沁地区，虽然内地的人口问题得到了一定的缓和，但却给科尔沁地区的生态环境带来了较大的压力。这主要表现为：一是人与自然矛盾急剧扩大，最终导致生态失衡。人口增速过快，会加剧人口对水土资源的需求，容易导致供需矛盾，造成生态平衡日趋失调。二是农业与牧业之间矛盾凸显，进而导致农民与牧民之间矛盾日趋尖锐。在畜牧业和农业都处于一种比较粗放的经营模式下，随着农业人口的迅速增长，农牧之间的矛盾必然会逐渐显现，并会导致生态环境日益恶化。一方面，大批牧民失去了赖以生存的牧场，被迫弃牧经农，或是向更加贫瘠偏远的地方转移。水草丰美的天然牧场不断缩减，必然会加重剩余草场的牲畜承载能力，进而导致草原遭到破坏甚至不断退化。另一方面，当时大多数农民都受到高利贷和地租的盘剥，根本不具备投资土地的能力，因此很少精耕细作而是基本大都采取广种薄收的生产方式。在靠天种地思想的支配下，耕作技术得不到改进，农田也得不到有效的防护和补偿，地力损耗严重。再加上一些地区不具备适合发展农业的自然条件，土地在开垦几年后便出现严重沙化，生产能力不断下降，于是放弃沙化的耕地，再谋求开发新的草场。这种经营方式，会陷入“沙子埋掉农业，农业挤掉牧业”的恶性循环，更加激化了农牧间的矛盾。

人口增长给草地资源的开发和利用带来了巨大的压力，导致滥砍滥伐、过度放牧和开垦草原的现象越来越严重，这种不合理的经营活动，加速了草原退化，加重了草原的荒漠化程度。位于科尔沁沙地西部的赤峰市阿鲁科尔沁旗，2005年牧区人口相比1990年增加了8%，其过牧率增加了15.7个百分点，高达211.67%。为了使生活水平维持现状，甚至在原有基础上得到提升，人们利用草原的频率逐渐提高，也进一步加大了草原放牧的强度。

人口压力使草原开垦种地、无度开发等问题日益突出，致使草原出现退化，植被覆盖率逐年减少，严重影响了可持续发展。位于科尔沁沙地的赤峰市翁牛特旗乌兰敖都村，包括乌兰敖都、宝门和昭合吐 3 个聚居点。在 1952—1954 年间，当地牧民放弃游牧生业方式，建立农业合作社，开垦荒地进行农垦，用于种植玉米、糜子等少量饲料作物。1966—1976 年大面积草场开辟为农田，自 1999 年开始进行水稻种植。改革开放以后，乌兰敖都村于 1982 年开始实行家庭联产承包责任制，随着人口数量的缓慢增长，此后 20 年时间里耕地面积随之出现缓慢增长趋势。2004 年，开始了新一轮垦荒高潮，此后两年间基本维持垦荒后的农田面积（见下图）。

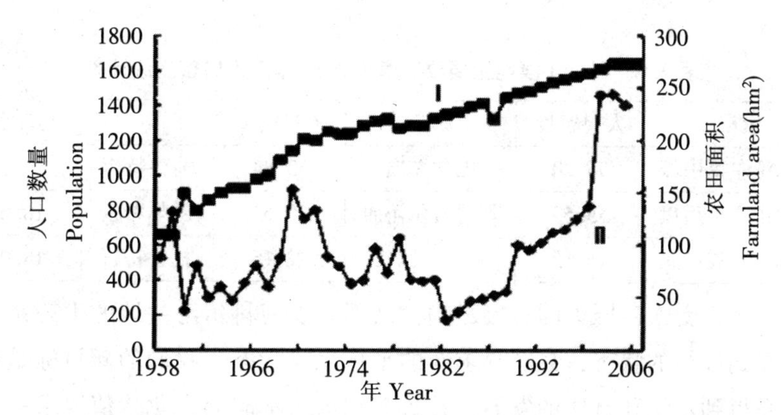


**图 3.4　乌兰敖都村人口数量和农田面积的变化①**

Ⅰ：人口数量 Population；Ⅱ：农田面积 Farmland area

到了二十世纪末，由于受政策的引导和局部恶化的环境影响，科尔沁出现了一种新类型的移民——生态移民。环境变化引发人口迁移，例如，受洪灾、旱灾和土地沙漠化影响，原来开发较早的奈曼旗和库伦旗，已变成人口由内部向外流动的迁出区；相反，人口密度较小的科尔沁右翼中旗、扎鲁特旗等地逐渐成为人口迁入区。与此同时，随着城市化进程的逐渐加快，一些中小城镇的经济和文化建设得到快速发展，逐渐发挥起城市

①图片来源：张乐，刘志民．半干旱草原牧区村庄的农田扩张机制［J］．应用生态学报，2008（5）：1077－1083.

枢纽作用，农村人口开始涌向城镇，使之成为人口流动的集聚点。①

目前，人类通过进行理性的分析和反思，已经逐步认识到并开始着手治理和保护生态环境，对自然资源能够进行非常合理地利用和开发，因此，今后就不应该再走“先破坏、后治理”的那条老路了。人口超载问题在科尔沁沙地主要牧区旗县普遍存在，即使按照森林草原10~13人/$km^2$的人口承载标准，人口密度已经大大超过临界值。据测算，人口每增加1%，生活资料需相应增加2~3%才能满足新增人口的需要。一方面，随着人口的增加，作为生产生活资料的家畜头数必然增加；另一方面，随着草场生态的日益恶化，适合放牧的草场日益缩小，牧草质量日益下降。双向夹击，草地承载力早已突破极限。在社会主义现代化建设的新时代，科尔沁沙地在人口和生态问题上必须努力探索出一条控制、保护、预防和良性循环的道路。

**表3.6　科尔沁沙地主要牧区旗市2011年底人口密度统计②**

| 旗市 | 人口密度 | 旗市 | 人口密度 | 旗市 | 人口密度 |
|---|---|---|---|---|---|
| 科尔沁左翼中旗 | 56.20 | 巴林左旗 | 53.84 | 翁牛特旗 | 40.68 |
| 科尔沁左翼后旗 | 35.53 | 阿鲁科尔沁旗 | 20.63 | 巴林右旗 | 18.69 |
| 科尔沁右翼中旗 | 16.15 | 克什克腾旗 | 12.16 | 扎鲁特旗 | 18.03 |

当然，受人口压力的直接影响，已不可能使科尔沁沙地的生态系统重新恢复到最初的状态，只能寻求新的平衡稳定状态。我们的新目标是使人类自身得到延续和有序的发展，并且分别依照不同的文化价值要求去加以落实。我们能否实现最终的目标，取决于能否逆转与此紧密相关联的各种思想和实践方式。即从干扰和破坏生态资源向积极有效地防控生态灾害转变。为了顺利实现各地宜牧、宜农和宜林地的规划，加快恢复生态平衡的进程，使人类的经济活动符合自然界的基本发展规律，显然对人口加强管理、提升人口质量以及有效控制和减少人口的压力都是至关重要的。

综合以上分析可知，科尔沁沙地的形成并不是某个单一原因造成的，而是自然因素和社会因素共同作用的结果。科尔沁沙地生态系统原本十分脆弱，特别是历史上每一次人类在科尔沁沙地进行的大规模的旱类作物种

①乌兰图雅，乌敦，那音太．20世纪科尔沁的人口变化及其特征分析［J］．地理学报．2007（4）：418－426．

②根据《内蒙古统计年鉴——2012年》统计数据计算得出．

植，都使得沙地的地表保护层受到了破坏，使得下伏沙基在强风的直接作用下逐渐裸露活化，对沙地生态系统结构变化造成严重干扰并引起功能减弱，在一定程度上加剧了科尔沁沙地荒漠化进程。当自然破坏力与人为破坏力相互作用、相互影响时，荒漠化的发展态势变得迅速而剧烈，甚至会破坏整个生态系统。尤其是最近50年，随着种植业规模的不断扩大，滥砍、滥牧、滥樵现象非常严重，地被植被破坏的程度远远超过生态系统自我恢复的能力和速度，导致了该地区荒漠化进一步加剧。

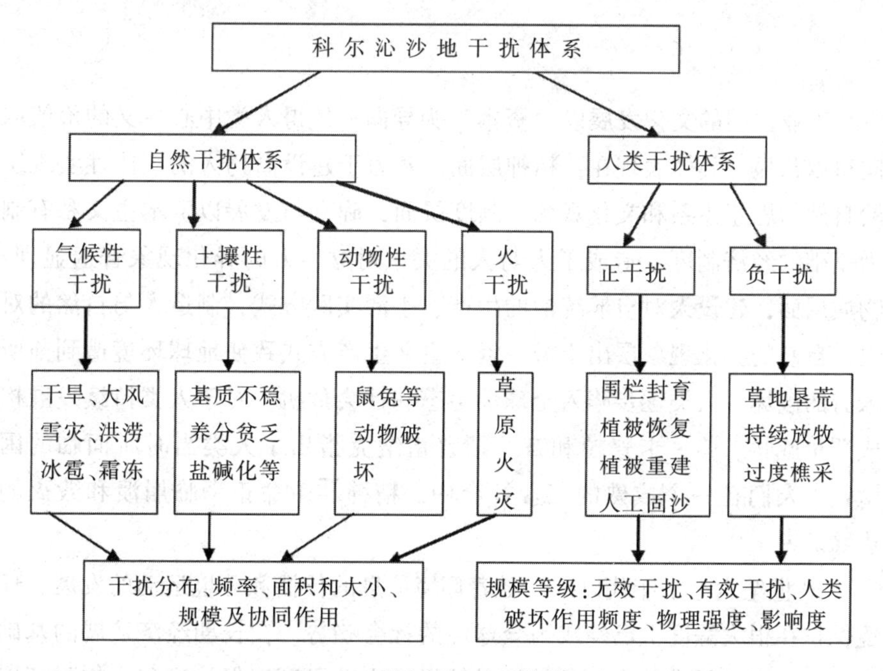


**图3.5　科尔沁沙地干扰体系**

当前，科尔沁沙地生态系统已经发生质的变化，原生植被遭到彻底的破坏。环境危机重新反衬了人类的脆弱性，昭示着人类社会所面临的风险。如果完全依靠生态系统自身的能力已经很难恢复到其原来的状态，因此，我们必须从整体思维的角度重新理解人类生存，通过多种形式、采取各种切实可行的措施，趋利避害，使生态系统的结构和功能得以不断改善，乃至逐渐恢复。

# 第 4 章　发达国家与地区生态环境保护的经验与启示

工业文明的文化发展以“资本”为导向，使得人类中心主义的价值取向得以凸显，具体表现在：精神层面，着力于建设高扬人的主体性实现统治自然的思想体系和文化观念；制度层面，确立与发展以资本主义私有制为基础的经济制度，造成了人与人的关系对立、人的异化现象普遍显现；物质层面，建设人对自然统治的生产、生活实践方式，制造人与自然的对立，自然的异化现象层出不穷。资本主义生产方式致使地球环境遭到前所未有的破坏，人类逐步陷入全球性生态和社会危机，对于人类持续发展构成严重威胁。弗·卡普拉和查·斯普雷纳克指出了人类当时所面临的困境：“人们在一个成熟的工业社会中，精神和生命正濒临崩溃和毁灭的边缘。”①

20 世纪六七十年代以来，随着环境信息的传播和环境运动的发展，环境保护在很大程度上已经成为全球性的社会趋势。在长期经济发展的基础上，发达国家凭借其有利条件相对较早地启动了环境保护进程，加强环境立法、设置环境保护机构，开展多种多样的环境保护工作，在资本主义体制下做出了一些改良，并取得了比较显著的环境保护效果，为生态文明建设提供了环境保护与生态治理的经验，对于中国社会主义生态文明建设提供了有益借鉴，对于新时代科尔沁沙地推进生态治理再上新台阶具有重要的启示作用。

①[美] 弗·卡普拉，查·斯普雷纳克．绿色政治——全球的希望［M］．东方出版社，1998：329.

## 4.1 发达国家与地区生态问题及治理经验

世界工业文明阶段，以人类征服自然为主要特征。工业文明促进了生产力的巨大发展，人类改造自然的能力大大增强，人类物质文明的发达程度也达到空前的高度。但是，这种只重经济发展，片面追求GDP高增长率，而不惜浪费资源、破坏环境的做法，造成了生态失衡、环境污染、资源破坏、能源枯竭、人口膨胀、土地荒漠化、酸雨增多、森林退化、粮食短缺、温室效应、物种灭绝等等，一系列全球性的立体式的生态危机，世界环境和生态退化程度远超过GDP增长速度。在工业文明阶段，人类文明与环境的关系是：人类一味战胜自然——索取于自然——加工——流通——过度奢侈消费——破坏了自然，人与自然关系陷入全面异化阶段，生态与文明陷入激烈的冲突和矛盾之中。

### 4.1.1 二十世纪以来西方发达国家与地区突出的环境问题

进入20世纪，科技的飞速发展以及由此引发的世界范围内人口的迅猛增长，生产生活需求呈几何级数增加，给人类赖以生存的自然环境带来沉重的负担。臭氧层出现空洞并迅速扩大，全球气候逐渐变暖、海平面逐渐上升、荒漠化进程加剧以及生物多样性的锐减等全球性的关系到人类本身安全的生态问题，一次次向人类敲响警钟。

马克思对资本主义生产相对过剩的现象进行了深入分析，论证了资本主义生产资料私有制不可避免地导致经济危机，进而指出资本主义走向灭亡之路的历史必然。然而，现实情况是，资本主义国家采取一系列措施使得经济危机得到不同程度的缓解，通过福利制度、控制消费、宏观调控等政策使得资本主义不但没有衰亡，反而是增强了人们对它的依赖与认同。资本主义世界性的经济危机得到一定程度的缓解，但是日益严峻的生态危机成为困扰社会发展的主要问题。

工业文明创造了空前巨大的物质财富、推动人类社会高速发展的同时，资本主义世界生态遭受破坏问题也纷至沓来，环境污染、生态失衡的现象日益凸显。20世纪30年代开始出现严重的环境污染问题，20世纪60~80年代，是西方发达国家资源环境问题集中大规模爆发时期，令世人最为震惊倍感恐慌的就是“八大公害”事件。1930 年 12 月，比利时发生了马斯河谷烟雾事件；1943 年 5 月开始持续五个月之久的美国洛杉矶光化学污染事件。这两起化学污染事件致使大量人口生病甚至死亡。继而在 1948 年，仍然在美国又发生多诺拉烟雾事件。1952 年发生在英国的伦敦雾事件，夺去了四千多人的生命。二战结束后，日本发展经济加快工业化步伐，更是导致污染事件频出：九州岛南部熊本县在 1953 年发生水俣事件；1968 年，九州岛包括爱知县在内的 23 个县府相继发生了米糠事件；富山县在 1955 ~ 1972 年期间又发生了骨痛病事件；四日市于 1961 年发生了哮喘病事件。接连发生的环境公害事件导致了许多无辜百姓陷入痛苦之中，疾病与死亡严重威胁着人们的生存。①

20 世纪 60 年代以来，环境污染事件接连爆发，生态危机成为一个举世瞩目的焦点问题，受到各国政府和民众的普遍关注。具有前瞻性的思想家、科学家基于理性思考纷纷做出预言：全球生态环境恶化是 21 世纪人类面临的最大敌人。环境污染不断加剧、生态危机此起彼伏、人与自然矛盾不断恶化，其罪魁祸首就是资本主义制度。因此，生态危机实质上说，就是资本主义制度本身的危机。进入到 20 世纪 70 年代，世界范围内生态环境恶化现象愈演愈烈，国际环境与发展研究所和世界资源研究所发表的关于世界资源报告（1987 年）指出，世界生态环境的恶化主要表现为土地资源逐步衰竭、森林植被遭到破坏、水资源逐渐紧缺、大气污染日益严重、物种数量快速减少等五个方面，人类社会发展面临着空前严峻的巨大挑战。相对于人类面临的诸多环境问题而言，土地荒漠化无疑是威胁人类生存的最为严重的生态灾难之一，沙逼人退致使人们失去家园。荒漠化蔓延引发的严重后果使土地生产能力逐渐衰弱直至完全丧失，人类即将失去赖以依托的最为基本的生存基础。

世界各地严重的环境污染事件不断爆发，不仅使自然生态环境遭到难以逆转的破坏，而且也对人类社会的生命和财产造成了巨大的损失，使人类置于危险的生态环境之中，陷入生存困境。法兰克福学派的学者们注意到此种情况并予以深切关注，他们一致认同“历史的变化已使原本马克思主义关于只属于工业资本主义生产领域的危机理论失去效用。今天，危机

①曾文婷．“生态学马克思主义”研究［M］．重庆：重庆出版社，2008：25.

的趋势已转移到消费领域，即生态危机取代了经济危机。”①

人类生存环境的不断恶化，引起了资本主义世界的高度重视，生态危机的严峻现实迫使各个国家、各个地区从不同的角度采取不同的措施进行治理，如美国在 20 世纪 30 年代开始的“罗斯福工程”，日本实施的“治山计划”，德国推行的“清洁生产”等等。这些规模宏大的“生态建设”，在短期内迅速取得了一定的成果，缓和了人与自然的尖锐的矛盾，迫使人们充分认识自然规律，重新确立人与自然的关系。

### 4.1.2 发达国家生态保护与环境治理的法律保障

发达国家的环保史实际上是环保法制史，发达国家的环保历程表明坚持可持续发展、绿色发展、保护环境离不开法律保障。发达国家资源环境保护机制体制的建立和发展过程，体现为自下而上的民众推动和自上而下的政府主导相结合的动态完善过程。面对社会绿色抗议声浪日益高涨，西方发达国家也逐步重视生态环境问题，将生态环境治理与保护纳入国家政治结构和法制监管领域之中。

在全球生态环境保护运动蓬勃发展的过程中，西方发达国家纷纷建立环境管理机构，制定法律法规确保生态环境建设顺利实施。英国作为最早开始工业化的国家，也最早品尝到工业化的“苦果”。工业化早期，受到利润最大化的驱动，英国以恣意开发自然资源的方式进行工业生产，不顾及自然环境的承载与修复能力而任意排放污染物，技术的落后和社会各阶层环保意识的欠缺进一步助长了环境污染的蔓延态势。工业革命给英国带来经济迅速腾飞的同时也给自然资源和生态环境带来极大的破坏，城市环境和空气质量日益恶化，河流污染严重。18 世纪后期，英国社会各阶层逐渐意识到环境污染对居民身体健康和社会持续发展带来的严重危害，工人阶级、城市居民联合社会各界人士组织集会、开展游行活动，主张改善生存环境提高环境质量，呼吁皇室和议会干预环境治理。在广大民众强烈要求敦促之下，英国皇室成立皇家委员会开展调查，中央政府成立中央卫生委员会，地方政府成立城镇卫生协会，进行环境污染监督，推进和保障环境法案的实施。政府通过制定颁布一系列法律法规治理环境污染，《河道

①[加] 本·阿格尔．西方马克思主义概论［M］．北京：中国人民大学出版社，1991：486.

法令》(1847 年) 明令禁止污染任何公共水源及饮用水，授权卫生管理部门对没有供水治理污染措施的单位的供水予以切断；为了使工业城镇环境得到有效改善，又颁布了《公共卫生法》，规定由地方当局负责向市民提供清洁水。经过不断修订，1875 年议会又通过内容更加完善的《公共卫生法》，规范了对供水、排水、房屋、垃圾、食品卫生以及疾病预防等诸多行业的管理，这标志着英国在世界上建立起第一个公共卫生体系。1876 年议会又颁布实施《河流污染防治条例》，1878 年通过了《公共卫生条例》，公共卫生体系得以进一步完善，基本建立了完备的水污染防治法律体系。此后，《碱业法》《大气清洁法》等行业法案陆续出台，以法律形式推进行业减排控制污染。英国经过上百年持之以恒的不懈努力，完善环保立法、严格执法，治理污染保护环境，重现往日的田园风光，得到有效治理的泰晤士河也由过去污染严重、散发恶臭的状况转变成今天河清水静的美丽景色。久违的蓝天白云终于再次呈现在人们面前，伦敦也因此摆脱了“雾都”阴霾，成为生态环境治理的成功典范。

1960 年，法国提出了保护自然、人与自然和谐相处的生态文明理念，制定了第一部保护自然生态环境的法规。一系列涉及环境保护和生态平衡的法律随后相继出台，内容极其广泛覆盖社会生活各个方面，从空气质量监控、污染性气体排放，到环境噪音管理、垃圾分类处理、水资源保护、建筑节能、新能源开发利用等等，甚至对产品包装的生产和使用、电子废料的回收等领域都通过立法方式来加以规范，以进一步推动并保障环保行动。2003 年，法国政府又通过了《可持续发展国家战略计划》，以此大力推动“日常生活爱家园、节约资源无小事”活动的开展。2005 年，法国议会通过的《环境宪章》中，明确规定了公民既有享受健康环境的权利，同时也负有保护环境的义务。环境问题已经放到了国家法律的最高等级——通过宪法来保护公民也享有的健康环境的权力。为保护生态环境，法国政府也在不断提高对环保工作的监督、引导、统筹、管理的能力和水平，政府组织的倡导环保的各种大型群众活动以及减少资源浪费、珍爱环境的各种倡议随处可见。

瑞典于 1967 年成立环境保护厅，将环境保护作为国家实施社会管理职能的重要方面。同年，日本公布《防止公害对策法》，用法律手段为环境保护提供保障。美国于 1969 年成立“环境质量委员会”，作为环保专门机构，同年颁布《国家环境政策法案》，加强环境治理的法律监管力度。进入到 20 世纪 70 年代，西方发达国家相继成立环境保护与管理的专门机构，例如 1970 年美国正式成立专门行使环境保护职能的“国家环保局”；同年，英国、加拿大等主要工业化国家也纷纷成立了国家环境管理机构。

为保护耕地和农业生态环境，在农业立法这一前提之下，美国和瑞士通过采取补偿退耕休耕等措施防止荒漠化蔓延。从国家的角度，美国政府于 20 世纪中叶颁布了“保护性退耕计划”，在耕地保护方面取得成效，后又在 20 世纪 80 年代实施用于防治荒漠化的“保护性储备计划”。美国各州也制定相应法案以恢复生态保护环境，如纽约州曾颁布为恢复森林植被而制定的《休伊特法案》。这些计划和法案在实施过程中都有一项重要内容，那就是政府对计划实施成本和由此给当地居民造成的损失提供补贴(偿)。

随着 20 世纪六七十年代西方国家对环保的重视，环境保护也被纳入了国际政治视野。联合国及其环保组织相继出台了一系列国际环保公约。如：1970 年的《人与生物圈计划》、1972 年的《联合国人类环境会议宣言》、1973 年的《面临灭绝危险的野生动植物国际贸易公约》和《防止船舶污染国际公约》、1982 年的《世界自然资源保护大纲》和《联合国海洋法公约》，以及 1992 年的《气候变化公约》和《保护生物多样性的公约》等等。

### 4.1.3 发达国家生态保护与环境治理的制度约束

自 20 世纪 70 年代以来，为保护自然生态、治理环境污染，一些发达国家陆续制定环保措施颁布各种环保政策，其中经济和市场手段普遍得到采用。税收作为国家主要的经济政策手段，在环境保护过程中发挥了重要作用，许多国家通过设立生态税获取税收投入到环境治理项目中去，或者通过减免生态税的方式鼓励资源、能源的循环利用，减少污染、降低能耗。在比利时，政府颁布的条例中包含食物生态税的免征条款。①

通过包装法规的制定实施，推动回收利用，可以降低资源浪费，减少环境污染。长期以来，在资本的驱使下，在西方发达的资本主义社会逐渐

①王年丰，季通．从生态学角度考察过度消费［J］．自然辩证法研究，2002（4）：67.

形成了过度消费的审美观，即过度追求物质生活的享受。过度消费成了富人炫耀和获得尊敬的资本。众所周知，资本主义工业化生产效率远远高于此前农业社会的手工方式为主的简单再生产，资本家为了获得丰厚利润千方百计推动产品销售，不遗余力地大肆宣扬享乐主义生活方式，导致过度消费逐渐成为人们竞相追逐的时尚。为了吸引人们消费，产品采用过度包装，有些食品采用多层包装，包装材料所含的热量甚至远远超过食品自身所含热量的三倍以上。即便是优质的传统食品，由于缺少华而不实的华丽包装，也常常容易被消费者所忽略。为了追求高额利润，企业和商家不惜采取过度包装的方式吸引消费者，由此带来的环境污染、资源消耗异常严重。例如在美国，食品包装产生的垃圾已经达到城市固体废弃物的五分之一。为减少资源的浪费，降低环境污染，像德国、英国等发达国家都通过立法的方式制定专门的法规，颁布包装材料标准，规范包装办法，尽量降低过度包装。

生态补偿制度是发达国家在环境治理与保护过程中普遍采取的一项重要举措。以法、德为代表的大陆法系和英、美法系在确保生态补偿的顺利实施方面，进行了积极的理论与实践探索，积累了丰富而又卓有成效的经验。[①] 生态保护是具有正外部性的社会经济活动，实施过程中会引发两种矛盾：一是较低的边际社会成本与较高的边际私人成本之间的矛盾；二是较高的边际社会收益与较低的边际私人收益之间的矛盾。由于这两种矛盾的作用，生态保护在获取社会大范围的长远收益时往往是以牺牲部分人的当前利益为代价的。如果不为利益受损者提供补偿，就难以调动其参与的积极性。从20世纪70年代开始，西方发达国家逐步开展内容丰富、覆盖面广的生态补偿实践，广泛覆盖了例如流域水环境管理、开展植树造林、保护与恢复自然生境、促进碳循环、保护农业生产环境、实施景观保护等多种生产生活领域。最初的生态补偿主要采取向破坏环境行为主体征开税费的方式，以此抑制破坏环境的负外部性行为，其主要依据为污染者付费原则（Polluter Pays Principle，PPP），体现了世界经济合作与发展组织（OECD）所提出的“谁保护，谁受益”这一原则（Provider Gets Principle，PGP）精神，这里的“受益”是指受到补偿。但是随着实践中新情况的不

---

①徐丽媛．生态补偿财税责任立法的国际经验论析［J］．山东社会科学，2017（3）：168－176.

断出现，又逐渐形成了实施生态补偿的另一条基本原则，即“谁受益，谁补偿”的原则（Beneficiary Pays Principle，BPP），此处的“受益”是指享受生态服务。因此，生态补偿也就由最初的对于负外部性行为的惩治转变为对于正外部性行为的激励。

发达国家实施流域保护服务主要包括三个方面，即水质保持、水量保持和洪水控制。这三种服务虽然具有相互关联性，但受益人往往不同。这三种服务，无论是公共补偿，还是水质与水量的私人补偿，都对上游保护者有利，特别是有利于当地的一些贫困人口。在流域生态补偿上，比较成功的例子有：纽约水务局主要通过协商的办法，来确定流域上下游水资源和水环境保护的责任和补偿标准；南非将流域生态保护和恢复与扶贫有机结合在一起，常常是雇佣弱势群体从事流域生态保护活动；澳大利亚以联邦政府经济补贴来推进各省的流域综合治理工作。日本和美国也实施了具有生态补偿性质的流域管理计划，但只是在部分流域进行。此类生态补偿大多数是通过向用水者征收补偿费的方式进行，用以改善当地水文、水质，使流域内森林覆盖率得以提升。

加拿大政府通过制定“永久性草原覆盖恢复计划”（PPCRP）的政策，要求农业部门向土地所有者提供损失补偿费以及支付土地管理费。与此相类似，美国和欧盟的一些生态环境保护的项目也都相继采取了较有成效的生态补偿措施。爱尔兰则通过发放造林补贴（planting grant）和颁布林业奖励（forestry premium）两项政策，鼓励私人参与植树造林活动。

为了把保护生境的生态补偿措施用法律形式固定下来，欧盟于1992年出台了栖息地保护公约。为促进私有土地所有者间合作，一同创建和改善环境，美国渔业与野生动物保护方案（FWS）也规定了一些激励政策。地处南半球的新西兰则主要采取自然遗产基金、签订开放式契约或者通过降低税率等措施，激励私有土地者参与到生物多样性保护活动之中来。

生物多样性保护补偿主要包括以下类型：购买生态价值较高的栖息地、物种或栖息地使用补偿、生物多样性的保护与管理补偿、支持生物多样性保护交易、限额交易规定下可交易的权利。总体上说，国外在生物多样性等自然保护方面的生态补偿，主要是依靠政府和基金会的渠道来进行的，有时候视情况，会与流域、农业和森林等方面的补偿结合在一起开展综合实施。有些国家还将生态补偿与采取措施保护景观相结合，比如在北欧国家瑞士，参与景观保护的民众每年都可从政府那里得到一定补偿，甚至许多风景名胜地区的景观保护所需资金，都主要通过征收门票的方式加以筹集。①

### 4.1.4 可再生资源的开发与利用

全球化时代背景下，世界各国发展经济参与国际竞争，离不开对资源能源的持续开发和有效利用。资源能源问题事关重大，对于国家的经济安全、生态修复以及环境污染源头治理具有重要影响，同时也关系到人民身体健康、提升生活品质以及实现社会公平等各个方面。因而，发达国家高度重视资源能源开发利用，通过制定战略目标慎重地选择发展路径，提高本国经济社会的可持续发展能力以及参与国际事务的竞争力。在1990年前后，北欧、北美一些发达国家提出发展循环经济的战略规划，开始注重可再生资源的开发与利用，以此提高经济综合效益，减少环境污染。目前，发展循环经济已成为发达国家实施可持续发展战略以降低能耗的重要途径。循环经济的发展与绿色技术革新的应用，明显提高了资源利用率，缓解了资源短缺，减轻了环境污染，产生了较好的经济社会效益。

能源是人类生存、生活和生产的基础，人类对能源开发利用技术的阶段性变革，标志着人类的经济方式的发展进化，推动社会文明的进一步提升。回顾人类社会有史以来的能源开发利用情况，主要经历了以下五个阶段：第一阶段，较为漫长的农耕社会，薪柴等生物质能源唱主角；第二阶段，到了18世纪，人类开始以蒸汽机的发明为标志的第一次工业革命，进入消耗煤炭时代；第三阶段，19世纪，随着汽轮机、内燃机的投入使用，以及汽车、飞机等大型机电的发明创造，带来了新型石化工业的蓬勃发展，实现高分子聚合材料的开发利用，推动人类进入电气化时代和以石油天然气为主的传统能源时代；第四阶段，从20世纪40~50年代开始，第三次科技革命推动了原子能、生物工程、电子计算机、蒸汽燃气联合技术、信息技术的迅速发展，人类进入到电子信息时代和以水电、火电和核电为支柱能源的核能时代；第五阶段，随着网络、云计算、大数据、智能制造等现代信息技术快速发展，进入到21世纪的人类，注重开发利用绿色

①秦艳红，康慕谊．国内外生态补偿现状及其完善措施［J］．自然资源学报，2007（4）：557-567.

低碳的可再生能源，逐步走向可持续发展的新能源时代。根据《BP2014世界能源统计年鉴》预测，到2035年，全球可再生能源（除水电外）在一次性能源消费结构中将超越核能和水能，全球能源消费将比2013年增加41%，年均增长1.5%，其中95%将来自新兴经济体；到21世纪中叶，清洁、可再生能源将超越化石能源与核能，可再生能源在一次性能源中所占的比重将达到65%，化石能源开发利用将更趋高效低碳；到21世纪末，可再生能源比重持续上升，在一次性能源开发利用中所占比重将进一步提高到八成以上，其中太阳能占比75%，风能占比25%，届时人类将迎来清洁、可再生能源新时代。

目前在西方发达国家，特别重视对于新能源的开发与利用。新能源通常是指开发利用或正在积极研究、有待推广的能源，主要包括太阳能、风能、水能、波浪能、地热能、洋流能、潮汐能、海洋表面与深层之间的热循环，以及生物质能、氢能、沼气、酒精、甲醇等。2010年，全球新能源已占到全球能源总消费的16%，占全球总发电量近20%。

从风能开发与利用看，世界风能利用的主要形式是采取大中型风电机组并网发电。根据“欧洲风能协会（EWEA）”和“全球风能委员会（GWEC）”发布的数据，全球风电市场于2009年得到迅猛发展，风电增长率高达31%，其中：美国风能发电增长了39%，欧盟增长了23%，法国增长了31%。风能发电每年可以减少2.04亿吨二氧化碳排放。风能是由太阳能转化而来的空气动能，在太阳辐射下，不同地面的气温变化以及由此决定的水蒸气含量的不同，形成了地表气压差异，引发空气流动的一种自然现象，其能源量主要取决于风能密度和可利用的年累计时数。风能不仅具有无污染、可再生以及永不枯竭等特点，而且风电开发成本相对最为低廉、技术最为成熟。作为欧盟风力发电第一大国的德国，其总量超过意大利、法国和英国三个国家的总和。风电被认为是德国可再生能源的主要方式，通过积极建设“北电南输”项目推进风电发展，保障南部的能源安全。

西方发达国家在探索资源能源节约利用发展方式的过程中，改变传统的“高能耗、高物耗、高污染、低产出”的发展模式，构建新的增长方式和消费模式，通过国民经济结构战略性调整和产业结构优化升级，按照“减量化、再利用、资源化”的原则，在工矿业、农牧业以及企业生产中

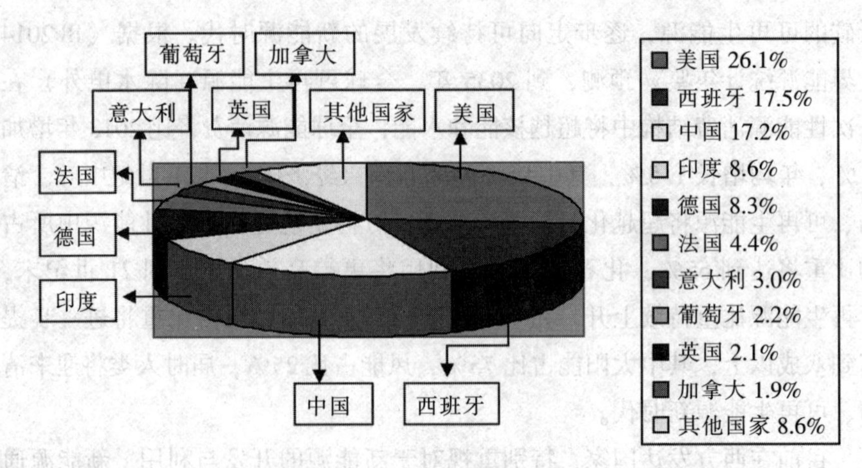


**图 4.1　世界风能利用情况图**

发展生态循环经济，用较低的资源和环境代价就可以换取较高的经济效益与发展速度，统筹兼顾当代和子孙后代生存与发展的需要，推动人类社会实现可持续发展。

建设循环经济，推动产业发展。相对于传统经济模式而言，循环经济具有提高能源资源利用效率的突出特点，能够最大限度降低废弃物排放从而保护生态环境的显著优势，是一种能够实现经济、社会与环境之间三方“共赢”的新型可持续发展经济模式。

建设低碳经济。目前，习惯上把低碳产业、低碳发展、低碳生活、低碳技术等经济形态统称为低碳经济。低碳经济具有能耗低、污染低和排放低的基本特征，以改善碳基能源应用、降低对气候变化的影响为基本要求，以实现经济社会的可持续发展为基本目标。其实质就是高效利用能源、实现区域清洁发展、促进产品低碳开发和维护全球生态平衡，是从高碳能源时代转向低碳能源时代的一种经济发展模式。①

德国政府鼓励发展专门从事废品回收和循环利用的企业，促进相关行业的快速发展。例如，德国的 PSD 有限公司是专门从事废品回收和循环利用业务的企业，1997 年，包装废物一项的回收率就达到 98%（561 万吨），循环利用率达到了 86%（544 万吨）。如果按每个人来计算，相当于从每个德国人手中回收废弃物 73.7 千克（玻璃 33.3 千克，废纸及纸箱 17.1 千克，其他包装废弃物 23.3 千克）。该公司仅有 357 名员工，利润却高达近

①解振华．大力发展循环经济［J］．求是，2003（13）：53－55.

2 亿马克。清洁生产的推行，使得德国在 GDP 增长两倍多的情况下，主要污染物反倒减少了近 75%。①

以德国汉堡市为例，每年之初，地方主管机构会挨家挨户地将最新的“垃圾清运表”和“垃圾分类说明”投送至各家信箱，以方便居民按照要求遵照执行。对于废旧纸张、玻璃制品等不同类别的垃圾设置专门的回收箱，回收公司按照时间表的规定时间及时收取。对于回收率较低的容器如金属易拉罐和一次性饮料瓶等采取押金制度，顾客在退还空罐时取回押金。居民需要向垃圾清理公司租用大小不一颜色不同的垃圾桶盛放普通垃圾，其中绿色垃圾桶用于盛放有机垃圾，黑色垃圾桶用于盛放剩余垃圾。通过细致的垃圾分类处理办法，汉堡地区民用垃圾废弃物中的绝大部分可再生资源都能够获得较高的回收率，既降低了最终废弃物垃圾的处理量，又使得大量可再生资源得以回收再利用。由于法规严密、执行有力，再加上财政政策的扶持，政府通过垃圾分类使大量的有用垃圾资源得到回收再利用，同时，也使参与垃圾回收利用的公司盈利丰厚，实现了环境保护、可再生资源回收再利用、参与公司盈利等多方共赢的格局。

现如今，世界各发达国家实践产业生态学，大力发展循环经济，主要采取建设新型工业生态园的形式。工业生态园是指按照产业生态学原理，在特定的地域空间对不同的制造业企业和服务业企业之间，以及企业、社区（居民）与生态系统之间的物质与能量的流动进行优化设计并实现综合平衡，高效合理地利用当地的各种资源，实现低消耗、低污染、经济、环境、社会协调可持续发展的地域综合体。丹麦的卡伦堡镇工业生态园被誉为产业生态学中的典范。园区内的一家硫酸生产厂、发电厂、制药厂、炼油厂、石膏板厂和若干个水泥厂是工业系统主要参加者。本着互惠互利循环利用的原则，园内的工厂彼此之间建立了一种复杂而又有序的和谐合作关系。根据资料显示：总投资累计 7500 万美元的卡伦堡生态园，在 20 多年时间里，获得总计 16000 万美元的高额收益，更为可喜的是每年仍然能够继续获得约 1000 万美元的收益。

瑞典作为北欧国家，积极开展循环经济实践，探索可再生资源的开发与利用，成效显著，居于世界前列。瑞典议会于 1994 年通过“生产责任

---

①孙国强．循环经济的新范式：循环经济生态城市的理论与实践［M］．北京：清华大学出版社，2005：75.

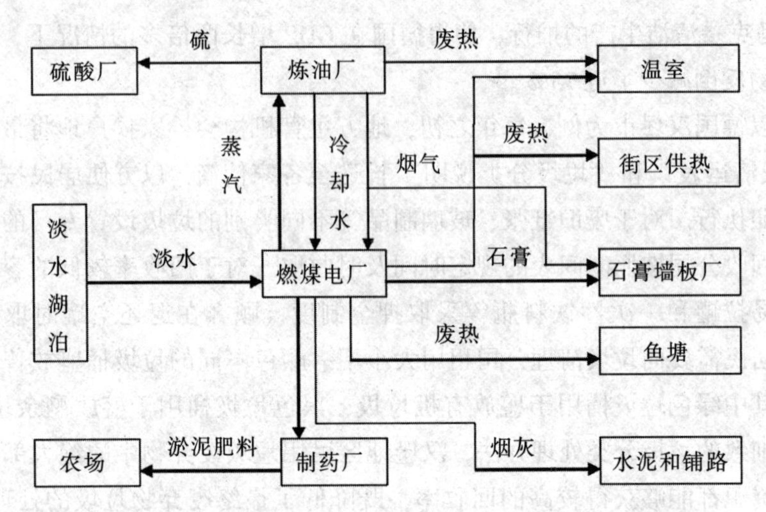


图 4.2 丹麦卡伦堡镇产业生态系统结构与物流的基本关系图

制”，对生产者和消费者提出明确要求：生产者要对自己生产的产品经过消费后而产生的环境问题负责；消费者对其弃之不用的产品以及包装，要根据相关标准和要求进行分类，并送至回收处。瑞典通过贯彻实施“生产责任制”，将生产生活过程中形成的废旧物资通通纳入循环经济和国家环保的范围，包括小到产品包装、废纸、废旧电池、废旧农业塑料，大到废旧电子电器产品、报废汽车等等一律进行再度开发与循环利用。为落实“生产责任制”，同年瑞典颁布《产品包装生产者责任制法规》，规定所有生产商、进口商以及“填充”包装和售卖包装产品的厂家都有对包装物进行回收利用的义务，必须建立供顾客和用户送回使用后包装物的回收系统，确保对产品包装废弃物的循环利用或者采用其他环保方式处理，最终将回收信息反馈给用户并将结果报告国家环保局。然而绝大多数企业仅凭自身能力无法达到《法规》具体要求，因而通过建立专门机构以帮助企业履行“生产者责任制”的规定义务，从而催生了主要废弃物领域的材料回收公司，其中最早成立的是被称作“瑞典玻璃银行”的玻璃回收公司，此外纸业回收公司、塑料循环公司、波纹纸板回收公司、金属循环公司也相继成立。以瑞典玻璃银行为例，这家公司 1991 年成立之初的目标是将 70% 的玻璃进行回收再利用，到 1996 年即已实现，至 2004 年达到 96% 的玻璃回收再利用。瑞典国家环保总局每年根据材料回收公司的总结制作一份评估报告，报告显示自“生产者责任制”实施以来，以往垃圾焚烧、填埋给环境所带来的负担以及所消耗的能源。

### 4.1.5 科技创新与节能减排

发达国家为提升工业竞争力，十分重视科技创新。技术革新不仅可以进一步推动经济增长，而且也可以带来环境保护的改善。科技进步、科技创新及其在生产生活中的应用，能够进一步扩展资源环境因素有效利用范围，使得资源环境要素的利用成效和利用规模得到大幅度提升，因而逐渐发展成为节约资源能源、保护治理生态环境的基本条件。

19 世纪中期以来，德国利用科技振兴经济，借助于科技创新提高资源利用水平，逐渐发展成为世界科技中心。德国工业化的快速发展通过大规模进行铁路建设，进而带动能源、冶金、金属加工以及机械制造等重要产业的发展壮大而实现。为推动科技进步与创新，德国采取以下有效途径：一是向英国、西班牙等国家积极学习先进技术和管理经验；二是招聘外国工程技术人员，引进先进技术和科研成果应用到工业生产；三是推行义务教育，发展职业教育，培训高质量产业技术工人；四是通过加大科技投入，创建扩建大学科学实验室，加强企业内部技术实验室建设。借助于这一系列有效措施，19 世纪下半期后，迅速发展的德国逐渐成长为世界科学中心，同时在生态保护和资源能源有效利用方面也比超英法等发达国家。二战结束后，德国借助于先进的科学技术，大大降低了资源能源不合理使用的程度，强力推动经济快速复苏，使得生态环境保护以及资源能源利用同步进入良性发展轨道。

美国科技发展采取了与德国极为相似的途径，二战以后美国一跃成为创新动力强科技水平高的世界头号强国。在两次世界大战进行期间，美国通过大量引进科技人员，研发先进技术、培训熟练工人等有效手段，使得技术水平快速提升，经济实力大大增强。与此同时，美国通过立法形式保护知识产权，鼓励科技研发与创新。早在 1862 年，美国就领先于其他国家成立了专利局，一个多世纪以后于 1982 年颁布《莫里尔法案》，为知识产权得到有效保护提供了法律依据。为培养科技创新人才，美国投入大量资金兴建各类学校，推动高等教育的发展，通过建设公立图书馆、国家科学院的方式营造优质育人环境。二战结束后，美国作为世界上科技水平最为先进的国家，凭借先进的技术手段，大大降低了能耗、电耗、水耗，资源能源利用率获得显著提高。1990 年美国颁布了《污染预防法》，实现以污染预防政策代替“末端”处理为主的污染控制政策。依托于先进的科学技术和完善的法律保障，美国生态环境治理能力位居世界前列。

进入21世纪，日本在绿色科技开发与应用方面居于世界领先水平，节能减排取得了显著成效。绿色科技是当前较为盛行的一种节约资源能源、减少碳排放以实现保护环境、清洁生产的优质高效生产体系，它在开发、利用自然资源的过程中，也十分注重资源的再生、保护以及废弃物的回收利用。现如今日本政府已经将每年11月设定为“生态驾驶月”。实行“生态驾驶”的根本目的在于号召广大民众通过对日常驾驶技术的改善，以实现“温和地”控制速度，努力实现减少尾气排放和降低汽车燃油消耗，其要点在于注意处理驾驶过程中一些容易被忽视的细节之处。2014年的东京车展专门设立“生态驾驶”展厅，向观众普及生态驾驶技术，彰显了鲜明的环保节能主题。接下来，日本政府在各地开展规模较大的宣传活动，倡议“生态驾驶”，力争让“缓刹车”“慢加速”成为人们日常生活中的主动自觉行为。“生态驾驶”提醒现实生活中每一个人，倘若稍加注意细微改善并不断积累小小的努力，就会为改善生存环境做出贡献，渺小努力就变成了伟大贡献。可见，“生态驾驶”于公于私都有益——既善待了地球，又善待了钱包。细致入微的技术革新使得日本在资源能源节约利用方面取得显著成效。

当今世界各国激烈竞争的实质就是经济、科技的竞争。传统的科技发展造成人类和自然严重对立。那么，只有绿色科技、生态经济才能推进绿色增长，实现可持续发展。西方发达国家进行科技创新，开发了一大批绿色科技，实现了节能减排。绿色科技的转让和共享是人类走出生态危机怪圈的前提，也是实现全球经济共同繁荣的必要条件。①

## 4.2 发达国家与地区生态环境保护的启示

西方发达国家走过了一条先开发后保护、先污染后治理的工业化资源环保路线，他们在历经多年探索生态环境保护的过程中积累了丰富的经验，例如加强全民环境教育、提高环保意识，建立完善的法律法规体系、

①张欢，王金兰，成金华，谭英夏．发达国家工业化时期资源环境政策对我国生态文明建设的启示［J］．湖北师范大学学报（哲学社会科学版），2017（1）：83－91.

加大环保执法力度，推行符合本国国情的环保政策，加大环保科技投入和资金投入，改进政府评价指标，完善行业标准等等，这些都对于新时代中国特色社会主义生态文明建设具有重要启示意义。中国目前正处于工业化中期，经济发展过程中各种环境问题凸显，虽然近年来环保事业取得了一些成绩，但起步较晚，难以完全适应现代经济社会的发展。为妥善解决保护环境与经济发展的矛盾，满足自身发展的需要和加强国际合作的需求，研究、学习和借鉴西方发达国家的先进做法和成熟经验，具有非常积极的意义。

### 4.2.1 开展绿色运动，增强环保意识

工业文明秉持一种根深蒂固的人类中心主义理论前提，即“人类特例论”或“人类豁免主义范式”，主观地认为与其他生物相比，人类是超脱于社会发展的限制因素之外的。究其原因在于人类能够创造文化，在文化的积累、延续、变化、发展过程中，社会问题迎刃而解。然而随着人与环境矛盾的凸显，越来越多的有识之士认识到这种思维范式的狭隘性，忽视了环境等非文化建构因素的重要性，没有在更加宽泛的、生态系统的意义上认识和理解人和自然之间的关系。尽管人类的创造力可以短暂地拓展承载力的限制幅度，但是生态法则是永远无法废止的，自然没有给予人类豁免权。①

1962 年，美国科学家蕾切尔·卡逊《寂静的春天》一书发表，犹如一声春雷，唤醒了世人的环境意识。在这本著作中，卡逊以大量事实为依据，详细揭露了农药污染对自然环境的严重危害，对于生活于其中的一切生命的严峻威胁。1972 年 6 月，第一次全球性的环境大会——“人类环境大会”在斯德哥尔摩召开，将全球环境运动推向了一个高潮。会上巴巴拉·沃德的非官方报告《只有一个地球》，强调了环境问题对人类社会的高度重要性，对建立地球上的新秩序提出了建设性的意见。

“罗马俱乐部”于 1972 年公布了一份名为《增长的极限》的研究报告，报告指出，人类片面追求经济增长，这必然会导致极限的“人类困境”，报告还特别强调了把环境保护放在人类权益更优先考虑位置之上的

①See Riley E. Dunlap and William R. Catton, Jr. (1979) “Environmental Sociology,” *Annual Review of Sociology* 5: 243 - 273.

“环境意识”的重要性。“如果世界人口、工业化、污染、粮食生产以及资源消耗按现在的增长趋势继续不变，这个需求的经济增长就会在今后一百年内某一个时候达到极限。”①

西方发达国家的广大群众基于对良好环境和健康生活的渴求，开始自发组织起来，开展了大规模的环境保护运动。成千上万普通民众走上街头，通过游行、示威、抗议的形式，要求政府采取有力措施，保护人类赖以生存的自然环境，采取措施改善生态，治理和控制环境污染。社会各界知名人士也纷纷发表文章，揭露和批评环境污染及公害事件，许多社会团体把环境保护列为宗旨。

人类有史以来第一次规模宏大的群众性环境保护运动于 1970 年 4 月 22 日在美国爆发，约有 2000 万人参与了此次环保运动。由此，这一天被命名为世界“地球日”。此后，“环境保护—绿色行动”“未来—绿色行动”“世界卫士”“自然之友”“地球之友”“第三条道路”等各种环境保护组织纷纷成立，环保队伍也日益发展壮大。例如，原联邦德国于 1972 年成立的“环境保护—全国自发组织联合会”最初拥有约 30 万成员，发展到 1985 年已经拥有 150 万名成员。相对而言起步较晚的日本，到 1976 年已经拥有 1000 多个民间环境保护组织，积极开展环保行动。一种基于“平民运动”的生态政治运动在西方国家兴起，形成一股“绿色浪潮”并迅速波及世界各国。

发达资本主义国家划拨大量资金，主要用于环境保护的投资和科研工作以及加强环境保护的宣传教育，增强人们的环保意识。发达国家的经验启示我们，要特别关注并加强对公民的环境保护教育，树立正确的生态价值观。通过网络平台、广播电视等媒体以及创建专门开展环境教育的报纸杂志，围绕大家普遍关心的环保话题开展广泛的讨论，大力宣扬可持续发展生态理念，正确处理社会价值与环境道德的关系，在开展环境教育评价、应对全球气候变化问题上、在实现环境公正等方面形成正确的认知上，鼓励广大民众树立可持续发展的价值观念。环境保护教育要从娃娃抓起，将课堂学习和户外环境教育相结合，逐步培养具有环保意识和环保责任的新一代社会公民。增强公民的环保意识和环境参与意识，除了要大力

---

①[美] D. 梅多斯等 . 增长的极限 [M]. 北京：商务印书馆，1984：12.

开展宣传教育，还要通过民主政治及法律手段予以保障，这主要是因为：首先，环境污染造成对公众利益的损害，而损害的制止和消除必须通过法律手段，从而调整环境受益者、破坏者和受害者三方的利益；其次，环境问题涉及不同利益群体及其不同的利益诉求，具有广泛性和复杂性的特征。这表明环境保护是一项需长期坚持的全民性事业，因此，必须依靠政府、社会团体、各阶层以及广大民众的积极参与和广泛合作才能收到成效。

西方发达国家环境保护的经验表明，公众是环境保护事业的最初推动力量，在轰轰烈烈的群众环保运动推动下进而引发政府和企业的跟进。同西方发达国家相比较，我国现行环境法律存在着依赖行政监管的严重倾向，各民间组织在保护环境过程中的作用却没有得到承认和肯定。另外，西方发达国家环境法发展的趋势，就是扩大环境民主和公众参与的深度和广度，吸引公众及民间团体介入以便加速环境问题的解决。所以，我国目前也应借鉴西方发达国家环境立法经验，采取措施有效提升公众及民间团体在环境保护中的主体地位，发挥公众在环境保护中的作用。这就需要：第一，转变观念，明确权责，以法律形式保障公民参与环保的基本权利。第二，推进环保信息公开透明，保障公众对环境的知情权和监督权。第三，促进环保民主决策，明晰公众参与环保的程序和权利。第四，扩大环境诉讼的主体范围，规范管理公众日益增长的环境权益诉求。①

### 4.2.2 推广节能环保产业，发展循环经济

发达国家坚持经济效益、社会效益和生态效益相结合实施生态文明建设，推广应用循环经济发展模式，特别是自觉按照清洁生产的要求，在加强推进末端治理的同时着力实现源头控制，在全社会倡导形成清洁型、循环型生产生活方式，大力推进循环发展、低碳发展、绿色发展。

在当今世界经济体系中，循环经济作为一种新出现的经济形态，深刻体现了将发展经济与保护环境融为一体的先进理念。20 世纪 80 年代末 90 年代初，为提高综合经济效益、避免环境污染，北欧、北美一些发达国家提出发展循环经济。循环经济是一种以资源的高效利用和循环利用为核

①王萍．德国的环境保护及其对我国的启示［J］．世界经济与政治论坛，2006（2）：114－116.

心，以达成可持续发展目标的新型经济增长模式，力求从根本上改变传统增长模式——大量生产、大量消费、大量废弃的恶劣状况，摆脱当前人类社会经济发展所面临的环境污染的巨大压力和资源约束的现实困境。因此，发展循环经济不过是实现人类社会健康可持续发展的一种手段，其根本目的在于实现能源资源节约利用，避免业已遭到破坏的生态环境再受伤害。循环经济理论坚持保护优先、节约优先、自然恢复为主的原则，强调生产方式的变革以及由此带来的消费模式的转变，通过环境保护综合利用和废旧物资回收利用等产业形态，以清洁生产、生态设计和绿色消费等方式，科学运用环境管理先进的技术手段实现循环发展、低碳发展和绿色发展，使人类社会的可持续发展得以最终实现。

目前，循环经济与知识经济已经成为21世纪经济发展的两大重要支柱。在西方发达国家，实施可持续发展战略的途径之一就是发展循环经济，这对于提高资源利用率、减轻环境污染、缓解资源短缺等方面产生了显著效益。循环经济大力倡导物质资源使用的“减量化、再利用、再循环”的“3R”原则，改变了传统的“资源—生产/消费—废弃物”的物质单向性生产模式，取而代之的是“资源—生产/消费—再生产资源”的物质循环反馈模式。

英国在节约能源、降低碳排放、应对气候变化、建立低碳社会方面，制定了具体明确的规划目标，取得了显著成效。英国在20世纪中后期环境污染非常严重，首都伦敦曾经一度成为烟雾笼罩的“雾都”。为创建低碳社会，英国采取以下做法，收效明显。第一，明确目标，推动全社会形成节能减排的共同行动。英国政府在21世纪初就提出将英国建成世界上最先进的低碳经济体，确立了建立低碳经济和2050年减排60%的目标。经过十几年的发展，英国已经成为低碳以及资源节约型社会的典范。英国政府在《气候变化计划》（2000年）和《气候变化法》（2007年）草案中，提出了减排长远发展目标：以1990年为基础，2010年减排20%，2020年减排26~32%，到2050年实现减排60%的目标。英国政府在节能减排方面走在发达国家前列，较好地履行了《京都议定书》和《联合国气候变化框架公约》规定的义务。第二，加强立法，为落实减排任务提供坚实的法律保障。2002年，英国加入《京都议定书》，向世界承诺实现节能减排。为实现温室气体减排目标，英国政府陆续颁布了一系列控制碳排放的强制性法律法规，特别是 2007 年《气候变化法》的颁布实施，明确了切实可行的措施，确立了清晰明确、可计量的减排要求。该法案的颁布实施也使得英国成为世界上第一个以立法方式确保强制减排温室气体的国家。第三，多管齐下，构建相对完备的行业规范和标准，明确目标和任务；通过经济政策，开征气候变化税，建立碳交易排放体系，实施政策性补贴；通过技术手段，夯实温室气体减排的技术基础，加大对可再生能源及低碳排放技术投入。第四，分解目标，突出重点，分行业推进。英国政府对不同行业能源使用状况进行详细评估，对行业节能潜力做了细致详尽的定量分析，根据精确的分析结果制定了相关节能降耗具体目标，再将目标分解到各行各业，其中能源、建筑和交通行业作为节能降耗的重点行业，担负着节能减排的主要任务。能源领域温室气体排放占全国总排放量的 36%，是英国温室气体排放最大的行业。自 1990 年开始，通过使用天然气取代煤炭发电，大大降低了 $SO_2$ 和 $CO_2$ 排放量。同时，政府加大对可再生能源研发的投资，要求电力企业承担更多的可再生能源义务，提高能效。在建筑行业，英国政府实施严格的能耗标准体系，显著降低新建建筑物的能耗。2007 年 4 月，英国政府颁布“可持续住宅标准”，突出体现节能环保的特点。英国政府通过免缴印花税的优惠政策推行环保住宅建设，确保自 2016 年起所有新住宅实现“零排放”。交通行业作为能耗较大行业，二氧化碳排放量达到 23%。为降低交通行业能耗，英国政府一方面通过机动车税收手段以及相关配套政策，推行低碳交通；另一方面通过增加对地方公共交通基础设施投入和交通网络管理，促使更多公共交通的使用以降低能耗。第五，统一协调，分工协作，为节能减排顺利实施提供组织保障。2006 年，英国政府设立跨部门战略研究与推动实施的机构——气候变化办公室（OCC），专司协调和执行气候变化政策，向七个政府部门和首相负责。地方政府积极响应中央政府的号召，制定落实具体且高效的可持续性工作措施。英国实行中央政府牵头、地方政府配合、行业分工协作、气候变化办公室协调落实的运行机制，确保了节能减排工作顺利实施。

德国在发展循环经济的过程中，政府依靠市场手段调动企业和个人积极参与循环经济，并对垃圾分类及处理作出十分详细和明确的规定，不仅减少了污染，节约了资源，提高了资源利用率，同时也扩大了就业，促进了经济发展。仅废弃物处理一项，从业人口就达 100 万，年营业额 410 多亿欧元，实现了经济发展和环境保护之间的适度张力和平衡。

加拿大政府非常重视循环经济的发展，一方面通过建立一整套以环境污染防治为核心的法律法规体系以确保循环经济的发展；另一方面加大科技开发，依靠科技进步促进循环经济发展。例如，在温哥华市的垃圾处理厂就是通过先进的技术来集中焚烧市民的生活垃圾，焚烧垃圾产生的热能输送给附近的工业园区供热，实现了能源的充分利用。这样依靠科技力量通过设计研发新型工业系统，力求实现最大限度地降低各种废弃物排放，有效地防止了能源的损耗浪费和有用物质的流失。

发达国家循环经济的成功经验对中国发展循环经济具有重要启示。第一，加快相关法律法规的建立确保循环经济的推广与应用。法律的强制力可以有效保障循环经济的发展，同时逐步完善废弃物处理的各项标准、法规体系，并且由政府扶持建立科学完整系统的市政回收体系。第二，加大科技投入，激励科技创新，依靠科技进步推动循环经济发展。一方面，国家应鼓励引导企业转变设计理念和原则，采用清洁技术，实现少投入、低污染、高产出。另一方面，企业在开发和经营战略中，自觉采取相应的技术和管理，实现资源的综合利用，把有害环境的废弃物降到最低限度。第三，制定配套政策，鼓励引导企业发展循环经济，努力提高生态经济效益。快速而大幅度地提高资源环境保护与利用标准，不可避免会对实体经济发展造成一定程度的损害，因而亟须出台相关配套政策，鼓励企业积极发展生态循环经济，实现清洁生产，实现对资源的集约节约利用，促进清洁能源产业发展利用，使生产尽可能接近“零排放”。第四，调整资源发展战略，建立融资体制，大力扶持可再生能源行业。在国家能源资源发展战略中，应加大力度扶持核能、风能、太阳能等可再生能源的开发利用，依靠技术创新探索替代能源，逐步建立起清洁高效的能源体系。

#### 4.2.3 加强制度建设，推行环保政策

借鉴发达国家工业化中后期资源环保与利用上的先进做法和成功经验，建立资源环境评估政策体系，完善环境保护和资源利用的标准及执行机制，倒逼企业形成节约资源、保护环境的生态自觉，加快生态经济的形成和发展。

遵循“资源可持续利用、保障国家资源安全、高效参与全球资源配

置、兼顾效率与公平”的宗旨，实现自然资源政策的制定，以确保制度的顺利贯彻以及政策的有效实施。

第一，完善生态补偿制度。生态补偿是一种能产生“经济效益、社会效益、生态效益”整合效果的生态资源管理模式，愈来愈得到各国政府的普遍关注，并获取了一定的成果。

生态补偿标准如果合理，生态服务提供者参与生态保护的积极性就会提高，并且在补偿金和其他辅助措施的扶持下，获得足够的动力和能力去改变落后的生产生活方式，调整完善产业结构。不仅地区经济会加速发展，而且收入也会提高。经济收入的增加和生活、环境条件的改善，必将进一步激发参与者的生态保护热情。另外，随着收入的增加，生态服务提供者对补偿的依赖性也会逐步降低，这样，在受偿地区既取得良好生态效益又获得良好经济效益。从生态服务的受益者角度看，他们的支付也得到了很好的回报，就会增加继续为生态服务付费的自觉性。生态保护的受偿方和支付方的利益都得到满足就会形成良性互动，生态补偿就会持续良好地运行下去。

第二，实行污染企业举证制度。进入 21 世纪以来，我国生态环境事件频发，雾霾、水污染、沙尘暴、土壤污染……，一件件令人触目惊心的环境污染事件引发人们深刻反思，对资源环境保护的意识也逐渐加强。不过，由于中国民间环保团体和公益组织的发展还较为缓慢，其功能和作用还未得到有效的发挥，因此居民环保维权还难以真正实现。在这方面，西方发达国家普遍采用的污染企业举证制度给我们提供了有益借鉴。另外，国家还应采取有效措施，培育和扶持环保团体和公益组织，壮大其力量，发挥其在资源环境保护过程中的重要作用，尽早实现广大居民和环保组织方便维权、积极维权和勇于维权的良好局面。

第三，出台以“产废付款”为准则的各项政策措施。借鉴西方发达国家的成功经验，利用市场机制及市场调节工具，以“产废付款”的方式推动节能环保、循环经济的发展，用经济手段迫使企业和居民实现“废物减量”。在市场经济条件下，企业作为逐利的“经济人”，不会自觉的实施循环经济。因此，国家需要制定相应政策实现制度创新，引导企业和个人推进循环经济的发展。例如，政府通过实施资源回收奖励政策，调动企业和个人积极参与回收有用物资；通过税收政策加以引导，给予废料再生处理企业以税收优惠，对于垃圾不分类或废料利用不完全的企业加收税费；实施政府优先购买政策，政府进行采购时通过优先购买具有再生成分的产品，以鼓励企业的再生产资源循环利用。

#### 4.2.4 完善环境保护立法，加大惩处力度

立法是环境保护的基本保障。生态环境的保护依赖于环境保护立法完善，依赖于环保执法严格。若要最大限度地减少经济社会发展所带来的环境污染，必须通过严格立法来明确相关企业主体的责任义务，加快生态法制建设，逐步完善对自然资源的安全使用及保护体系，以及建立健全生态损害行政问责体系。

完善立法、严格执法是德国成功进行环境保护的关键举措。随着环境污染的逐步加重，德国不断加大惩处力度且严格执法，同时注重对法律的不断完善和修改。目前，德国联邦政府和各州政府颁布实施的环境法律法规总计达8000多部，与此同时，还要执行欧盟颁布实施的约400个相关环保法规。自从1972年第一部环保法《废弃物处理法》颁布至今，德国已经拥有了世界上内容最为详细体系最为完备的环境保护法。

实践证明，德国环境保护成效显著，其中一个重要原因在于德国环保刑事立法的成功贯彻实施。二战结束后，德国致力于家园重建，在大规模经济建设伊始就高度关注环境保护问题。最初环境保护立法建设通过几个单行法规得以体现，例如：1952年的《联邦狩猎法》，1957年的《水政法》，1959年的《原子能法》，1968年的《植物保护法》等等。及至20世纪60年代末70年代初，面对工业化过程中日益严峻的环境污染问题，德国政府和公众深切意识到强化环境保护法律手段的必要性。1971年9月29日，联邦政府向联邦议会提交了一份具有里程碑意义的重要报告，倡议通过立法手段实施环境工程，联邦议会中各党派都一致赞同该报告，从而掀起环保立法的热潮，一系列环境保护法律法规相继出台。德国保护环境立法涉及领域广泛，从自然环境到人类生活的方方面面都设立相关法律加以保护。随着环境保护立法的连续出台与实施，在一定程度上遏制了环境急剧恶化的趋势。1980年3月28日，《联邦刑法典》进行了第18次修改，增设《危害环境罪》专章，通过严厉执法追究环境犯罪的刑事责任，防止和控制严重危害环境的行为，以此强化公众关于环境犯罪所具有的高度社

会危害性的意识。根据德国刑法典的规定，作为犯罪处理的环境违法行为主要有水污染罪、空气污染罪、非法处置垃圾罪、不正当使用设备罪、噪声污染罪等五种主要环境犯罪，此外，刑法中也对涉及危害自然保护区、造成动植物资源破坏以及实施危险性有毒物质的扩散等等其他环境犯罪作出了相应规定。

德国刑法改革实践证明，增设危害环境罪专章具有重大的现实意义。这表现为：首先，增强公民环境意识，激发公民自觉同环境犯罪行为作斗争；其次，强化司法机关追究环境犯罪的职能。德国环保刑事立法的成功实践为环境保护提供了法律保障。

当前我国环境保护立法、执法、守法方面均存在一定的问题，亟须借鉴西方发达国家的先进经验。首先，从立法角度来看，我国需要建立完备的资源环境保护与污染防治法律体系。我国资源环境保护法制体系长期以来存在立法滞后、法条粗疏的问题。伴随着环境问题的日益严峻，虽然也出台了《环境保护法》《大气污染防治法》等法律法规以及《水污染防治行动计划》等环保方案，但是缺乏相应的配套实施机制，而且相关司法解释也没有跟上。特别是在一些重要环保领域的法制建设存在缺失现象，对于防治噪声污染、土壤污染、核安全、生物安全等方面的法律法规建设进展迟缓，存在无法可依的情况。因此，国家和地方立法机关亟须制定符合当今时代经济社会发展和保护环境需要的法律法规，创新提出体现环境保护问责的制度和方法，强化环保部门加大监管力度。在环境保护问题上地方立法要树立全局观念，同时结合本地区实际，制定严于国家标准的地方环境保护和污染防治办法。中国当前工业化的发展与城镇化紧密相连，在西部大开发的政策影响下，众多企业向中西部城市特别是一些中小型城市转移，这就要求我们必须高度警惕工业化、城镇化过程中污染企业带来的环境破坏。法律法规的制定要充分考虑到不同区域、不同行业之间的差异，同时兼顾同一流域、同一城市之内环境资源法律的一致性，避免以牺牲一个地区的环境代价换取另一个地区的环境得到健康发展。

其次，从执法角度来看，加强环境保护执法力度和提高执法权限的问题亟待解决。在过度追求经济发展唯 GDP 论英雄的思想影响下，对于污染行为“执法不严”“违法不究”的现象大量存在，基层政府缺乏对于资源环境保护的担当精神和法制意识。西方发达国家吸取了资源浪费环境污染的惨痛教训，强化基层政府环境保护职责，对破坏环境的污染行为坚持“问责到底”，坚决执行环境保护一票否决制。目前，我国从国家到地方的各级环保管理部门普遍存在着处罚手段偏软、执法权限较弱的现象，究其原因主要在于，没有法律授予的直接强制执行力，环保部门只能通过申请人民法院强制执行的方式裁处污染行为，处罚成本高、程序繁杂，处罚结果缺乏威慑力，尤其是地方政府普遍存在的片面追求经济利益的保护主义倾向，常常导致环保部门难以对各种环境污染违法行为进行有效的监督管理，大大降低了环保部门的执法能力。

最后，从守法角度来看，需要进一步完善相关环保法律，增强法律的可操作性。污染企业在环境保护方面“有法不依”的现象普遍存在，原因在于：一是环保立法相对滞后，法律规定较为粗略、缺乏实施细则，环境法律过于抽象化，对于不履行义务的行为并没有详细规定如何追究其法律责任。这就造成对污染行为难以处罚或处罚太轻，难以达到惩戒的目的，最终形成众多污染企业有法不依甚至不惜违法操作。二是科学有效的领导干部环保实绩考核机制尚未形成，环保执法责任制也落实得不到位，许多地方政府仅仅局限于盲目而又片面地追求经济利益，严重缺乏生态危机意识，对环境保护问题的重要性视而不见，由此助长了污染者“有恃无恐”的心理。而且由于环境保护守法成本高、违法成本低，污染企业甚至不惜使用赃款贿赂官员以获取更高的收益。

### 4.2.5 加大技术投入，实现科技创新

资本主义社会中科学技术的发展和应用不但使人与自然的分离变为现实，人对自然控制的欲望和能力被不断推向极致，而且在这一过程中也使人与自然、人与人的关系发生异化。因为资本的贪婪本性，使得被控制的自然逐渐转变成为资本主义权力支配和控制人的一个重要因素。环境异化虽然是因科学技术的发展与应用造成的，但决不能把环境异化直接归咎于科学技术，其本质是资本主义对科学技术“意识形态化”的表现。①

二十世纪八十年代以来，发达国家在利用技术进步、产业结构调整等因素继续促进经济增长的同时，进一步提高了经济绩效和能源使用效率，

---

①[美] 马尔库塞. 工业社会和新左派 [M]. 任立编译. 北京：商务印书馆，1982：127－143.

缓解了环境污染压力，促进了生态恢复，在很大程度上取得了生态文明建设理论所预期的经济增长与环境保护的“双赢”。

纵观发达国家工业化进入中后期阶段，其经济发展速度均呈现逐渐下降的趋势，基本上维持在 2 ~ 4% 的低速发展水平。改革开放后，我国经济发展经过 30 多年 GDP 年均 10% 的高速复合增长时期，从 2012 年开始出现经济发展速度缓慢降低，处于 7% 左右的中高速发展水平，预计在今后 30 ~ 50 年的时间里，很有可能会以更低的中高速水平继续发展，这同发达国家步入工业化中后期经济发展速度普遍降低的规律趋于一致。目前，我国经济发展的资源环境与人口红利正在逐渐降低，依靠过度消耗资源和廉价劳动力实现经济增长已经比较困难，只有借助于工业技术创新，调整产业结构，才能形成未来经济可持续发展的强劲动力，顺利跨越中等收入陷阱，步入工业化后期稳定和谐的发展阶段，实现经济发展和保护环境的“双赢”，推进生态文明建设。

依靠科技创新推动工业化向后期发展，在经济进步的同时进行技术创新，实现资源循环利用、节能减排、保护环境。第一，加大科技投入，实现对传统产业的升级改造。第二，以科技创新推动经济发展的生态、循环、绿色取向，推动绿色低碳循环发展产业体系的构建。第三，实施创新驱动，加大对高新产业的技术投入与支持。用科技发展与技术创新助力信息技术、先进轨道交通装备、节能与新能源汽车、高档数控机床和机器人产业的发展。第四，鼓励和支持发展新型可再生能源产业，提高清洁无污染的水能、风能和太阳能等新能源的利用比例，不断完善和提升“能源互联网”下的工业智能技术，加快新的替代能源的探索，建立清洁高效的能源体系。第五，实现高端制造与绿色发展相结合，构造中国制造 2025 宏伟蓝图。

生态危机造成的灾难是全球性的，任何国家均难以幸免。因此，无论是发达国家，还是发展中国家，都应该对自身行为造成的环境问题进行理性的反思，并积极采取科学有效的措施来保护环境、治理污染。前车之覆，后车之鉴。作为后起的发展中的社会主义国家，我们应从西方发达国家发展的历史中吸取教训，避免走先污染、后治理，滥用资源和环境污染的老路。

西方发达国家为摆脱生态环境危机，进行了积极的生态实践，形成了卓有成效的环境社会发展理论，设计了当前及未来经济社会发展的模式，他们在生态治理实践过程中取得的成功经验仍然具有借鉴利用的价值，为中国生态文明建设提供了有益的启示和重要的参考。发达国家生态文明理论从不同方面探索了人与自然和谐共处的思考与实践，给世界各国走符合本国国情的生态文明建设道路提供了思路。特别是西方国家所追求的经济发展与环境保护双赢以及实现此目标的相关技术路径，对于中国生态文明建设的特定阶段而言，具有重要的启发意义，对于新时代科尔沁沙地生态治理提供了可资借鉴的有益经验。

# 第 5 章　新时代科尔沁沙地生态治理对策探究

"哲学家们只是用不同的方式解释世界，问题在于改变世界"。[①] 文明的转型是一项长期而又艰巨的社会任务，是一项宏大复杂的系统性工程。面对生态危机日益严峻的现实状况，习近平新时代中国特色社会主义思想以马克思主义理论为基础，提出了德法兼备的社会主义生态治理观。[②] 生态治理作为国家治理的组成部分，在一定程度上说就是生态文明建设具体实践过程的直接体现。生态治理有狭义和广义两种含义，[③] 其中狭义的生态治理是指在生态学原理指导下，对自然环境、资源的防治与修复；广义的生态治理指的是在健康的治理共同体中，多元治理主体以绿色价值理念为基本导向，通过多元参与、对话协商等治理方式合作共治涉及生态层面的公共事务，做出符合大多数人利益的绿色决策，开展绿色行动，以实现人与自然的和谐。

新时代科尔沁沙地生态文明建设，必须以马克思主义生态文明思想为理论指导，以习近平生态文明思想为实践指南，通过分析借鉴生态学马克思主义的生态批判理论，合理吸收中国传统文化中的生态思想以及蒙古族传统文化中的生态智慧，构建科尔沁沙地绿色发展的生态理念。筑牢祖国北疆生态安全屏障，是国家生态安全战略赋予内蒙古的使命。科尔沁沙地生态治理以实现人类与自然的生态整体优化为目标，是超越于狭隘的自然中心主义与狂妄的人类中心主义之上的一种新型文明实践，既要通过人为

①马克思．关于费尔巴哈的提纲［M］//马克思恩格斯选集（第 1 卷）．北京：人民出版社，2012：136.

②王雨辰．论德法兼备的社会主义生态治理观［J］．北京大学学报，2018（4）：5－14.

③史云贵，孟群．县域生态治理能力：概念、要素与体系构建［J］．四川大学学报，2018（2）：5－14.

因素加速生态系统的演替从而恢复自然植被，又要调整社会经济结构和优化资源利用方式以实现人与自然之间的和谐，具有自然和社会两方面的含义，体现了理论与实践相结合、历史与逻辑相统一的原则。对于生活在科尔沁沙地的各族人民来说，生态文明建设会对其生产方式和生活方式、思维方式和价值观念生成巨大的影响，是一场以发展模式为引领的全方位革命性变革，会牵涉社会生活的方方面面，需要协调各方面利益，调动各方面积极性，各尽其责、各尽其能、各尽其力，担当起时代赋予的生态社会责任，形成政府主导、企业主体、多方参与、全民行动的工作格局。以全面建成小康社会、建设美丽中国为目标，坚持保护生态环境的基本国策，加快转变经济发展方式，优化城乡结构和区域布局，引领绿色生活方式，全面推进生态文明建设各项工作，把科尔沁沙地建设成经济繁荣、生态良好的美丽家园，努力走进生态文明建设新时代。

## 5.1 牢固树立生态文明理念，建设美丽家园

300多年来，现代哲学作为人类认识的伟大成就，开启了工业文明时代，指导了人类实现工业化和现代化。但是，由于它过分强调主客二分的分析方法，显现出机械论和二元论的典型特征。生态文明从人类发展文明形态上是一种超越，代表的是对更美好更和谐社会的追求。

和谐美丽、生物多样、功能强大的自然生态系统是生态文明的重要标志。生态文明建设的具体实践过程，在一定程度上来说就是通过生态治理的途径来实现人与自然之间的和谐。历史教训深刻地揭示出：人类社会在发展过程中不能居高临下，不顾及自然环境的“感受”，不能颐指气使，不顾及自然资源的“呼声”。面对荒漠化的蔓延，中国积极开展一系列的生态治理实践，吹响了“向沙漠进军”的号角，实施了“三北”防护林建设等工程，把荒漠化防治纳入国民经济和社会发展计划并写入党的十五大报告。党的十八大报告提出了建设美丽中国的政治理念，十九大报告树立了建设富强民主文明和谐美丽的社会主义现代化强国的宏伟目标。

科尔沁沙地生态治理首先要牢固树立马克思主义生态文明理念，引领民众进入生态文明新时代。生态文明理念包括：尊重人与自然的平等地

位、顺应自然原生的发展规律以及遵循自然持续发展的阈值等三个方面。①生态哲学是生态文明时代的新哲学，生态哲学的本体从根本上说不是人、社会和自然界，而是从人、社会、自然出发构建而成的复合生态系统。

### 5.1.1 确立有机整体论世界观

现实世界自始至终就是一个混乱而又复杂的有机整体，然而，数百年来，这个作为复杂有机整体而存在的世界被肢解了。工业文明的发展奉行近代以来以机械论为基础的形而上学思维方式，培根的经验论、笛卡尔的分析方法和牛顿的机械论自然观开创了自然科学发展的新时代，确立了对对象进行分门别类地研究和孤立静止地看问题的方法。这种方法直接导致了有机界与无机界、自然界与人类社会的割裂。工业文明把作为研究对象的自然界分割成无机界和有机界，造成了以整体自然为研究对象的古代博物学在 18 世纪后解体，各种自然学科分门别类确立起来，使得科学技术部门精细划分，科学部门之间的对话变得越来越困难。同时造成了人类社会与自然界的分割，在人文社会科学和自然科学之间构筑起难以逾越的鸿沟，自然成了“无人身”的自然，社会成了外在于自然的社会。

生态文明从整体出发看待人与自然的关系。马克思指出，人是自然界进化的产物，作为生命体，必须从自然界获取生命体所需的物质能量，维系人类生存的物质资料均直接或间接地来源于自然界，因而自然界就成为人类生存和发展的自然物质基础。马克思强调自然界是人的“无机的身体”，从存在论的角度阐明了人与自然之间的部分与整体的关系。习近平继承了马克思主义有机整体论生态思想，提出“人与自然是生命共同体”的观点，凸显了人与自然是相互依存、相互联系的整体，阐明了人类与自然的相互依赖关系；习近平关于山水林田湖草是一个“生命共同体”的思想，强调了自然界中各种自然要素之间相互联系、相互协调构成统一整体，我们必须从整体性出发遵照生态系统的内在规律开展整体保护进行综合治理，我们在生态治理过程中必须统筹兼顾不能顾此失彼，以系统化思维确保生态系统的完整性；通过确立“人类命运共同体”思想，构建尊崇自然、绿色发展的全球生态体系，实现以人与自然和谐相处为目标的世界

---

①赵建军．如何实现美丽中国梦 生态文明开启新时代（第二版）［M］．北京：知识产权出版社，2014：62 – 66.

可持续发展和人的全面发展。①“生命共同体”概念集中表达了习近平的生态哲学世界观，构成了其生态文明理论的哲学基础。

生态文明建设的整体性原理强调人所面对的世界是一个复杂的统一整体。其所强调的整体性首先就表现在构建的是人、社会和自然协调一体的复合生态系统，强调自组织、自调控、自发展下的有序演进和方向正确；其次，从整体和部分的关系来看，生态哲学强调整体的性质决定了部分的性质，部分的性质只有在整体中才获得存在，部分依赖于整体；第三，虽然整体性是主要特征，但事物的关系和动态性比结构更重要，因此，从这个意义上要放弃主次之分，使人与自然得到最和谐的发展。

### 5.1.2 确立人与自然和谐共生的生态价值观

实现人类生态价值观的变革，这是解决当代生态危机的根本出路。马克思主义坚持“人是自然界的尺度”的理论观点，对两个相互对立的生态价值观——人类中心论和生态中心论进行了批判。人与自然的和谐表现为自然的解放和人的解放的双重肯定，自然的解放是实现人的解放的前提，既包括外部自然的解放又包括属人自然的解放。只有把人类整体的利益作为价值尺度，并以此作为解决生态危机的基本原则，才能使环境运动走向激进的生态政治变革。现实世界中，取代“控制自然”观念的是树立新型环境道德价值观念，建立一种按照理性方式利用自然的新型社会模式，以实现自然主义与人道主义的高度统一。

要解决生态问题，必须对人与人之间的矛盾进行分析，这种矛盾是隐藏在人与自然的矛盾背后的，我们需要采取改革社会政治经济制度和改善人与人之间关系的方式，把建设生态文明的过程变成进行价值观念变革的过程，从而创建一种新的人的存在方式。② 从价值观来看，“未来优先”是首要的第一位的原则。而最为重要的是必须认识到：“在一切存在中唯有人才能不仅自身存在于类的联系中，而且能够自觉地把自身当作类来对

---

①王雨辰．人类命运共同体与全球环境治理的中国方案［J］．中国人民大学学报，2018（4）：67－74.

②王雨辰．西方生态学马克思主义对历史唯物主义生态维度的建构［J］．马克思主义与现实．2008（5）：79－87.

待，以类为自身活动的内在规定，并有意识地在自己的行为中去贯彻”。①生态文明的价值观从根本上改变了千百年来人统治自然、凌驾于自然之上的人类中心主义，改变了长期存在的人让位给生物的自然（环境）中心主义，而是坚持“和谐”的本质，强调人与人、人与自然的生态和谐，强调人与自然的双重解放，实现人与自然的生态和解。生态文明所秉持的生态伦理学，着力构建人与自然和谐共生的新型社会发展模式，超越人类中心主义与自然中心主义二者之间的两极对立，摆脱存在于生态伦理学研究过程中的“形而上学困境”，最终实现人与自然的和谐。②

坚持人与自然和谐共生是新时代推进科尔沁沙地生态文明建设必须坚持的价值原则。在生态文明建设过程中，生态恢复（ecological retortion）与生态重建（ecological reconstruction）作为生态学的一对重要范畴，备受国内外学者关注，引发了深入的研究。生态恢复是指使受损生态系统恢复到或接近于它受干扰之前的理想状态，其实质是以自然力量为主实现生态系统的结构与功能的自然恢复，使其再现生机与活力；其基本表现类型为生态自然恢复、生态自我更新、生态自我演替、生态自我再造等等。生态重建是指，在尊重自然规律基础上通过改造现有生态系统，形成一种不同于初始状态的新生态系统，其实质是以人为力量为主实现生态系统的结构与功能的人为重建，其基本表现类型为生态构建、生态建设、生态设计、生态规划等等。从生态哲学视角加以审视，生态恢复主要遵从自然演化规律从自然生态系统自身角度实现其恢复，表现为依靠自然自身恢复生态原貌的过程，反映了自然中心主义的立场；而生态重建着重强调人的主体能动性的发挥，从人类实践活动出发实现生态系统的重构，表现为依据生态发展规律再造绿色自然的过程，反映了人类中心主义的立场。然而不可否认，科尔沁沙地形成的历史过程与严酷的现实状况表明，若要实现科尔沁草原恢复原貌焕发勃勃生机，实现人与自然和谐统一，仅仅凭借自然力量既不可能也不现实；仅仅依靠人的主体能动性而无视、忽略自然生态系统演化规律既不科学也不合理。因此，必须辩证地看待二者之间的关系，以

①高清海、胡海波、贺来．人的“类生命”与“类哲学”——走向未来的当代哲学精神［M］．长春：吉林人民出版社，2006：235.

②刘福森．西方的“生态伦理观”与“形而上学困境”［J］．哲学研究，2017（1）：101－107.

辩证唯物主义以及系统论观点为指导，以尊重自然为前提，坚持以自然恢复为主的原则，顺应自然、保护自然，同时需要在尊重自然规律的基础上开展有效的生态保护与治理，将生态恢复与生态重建有机结合，从系统化、整体化、生态化相联系的角度，综合运用生态恢复与重建的各种中介系统进行生态治理，从而为科尔沁草原生态文明建设提供有效的实践理念设计，[①] 这就体现出一种超越狭隘的自然中心主义和狂妄的人类中心主义之上的有机整体主义价值观。

### 5.1.3 确立生态化思维方式

思维方式对人类的生产方式具有积极的能动作用。人类从自然界和社会中获得解放和自由，也是一种现实的、历史的活动，是通过与自然界进行物质、能量和信息转换的生产实践以及改造社会的实践活动实现的。要真正改变世界就要有全新的哲学世界观，就要有全新的哲学思维方式。这就是马克思的从现实的人及其实践活动出发解释问题的思维方式。“实践转向”和实践思维方式的确立在哲学史上及在人类思想史上都具有极为重大而深远的意义，是马克思哲学观变革的实质和标志。正是在科学实践观基础上，马克思确立了辩证唯物主义和历史唯物主义的科学世界观，从而为人们正确认识自然、社会、精神世界奠定了科学的基础。实践活动是一种辩证性的活动，它是感性与理性、主观与客观、能动与受动、手段与目的、继承与发展、理想与现实等等一系列的辩证统一的运动过程。人的实践活动注定了人不同于物，人不仅意味着是一个个的生命体，而且是一种实践的存在。马克思主义立足于科学实践观，指明人类与自然之间是以实践为基础形成的相互制约、相互作用的辩证统一关系，展现为“自然人化”与“人化自然”在实践基础上的有机统一发展过程。

工业文明的哲学所极力推崇的“理性”没有将人类从压迫、束缚带向自由、解放，反而越来越将社会禁锢在一个封闭的结构中，人变为理性的工具。正如澳大利亚哲学家约翰·巴斯摩尔指出：“当代生态危机并不源于人类中心观点本身，威信扫地的不是人类中心论，而是那种认为自然界

---

①乌峰、包庆德主编．蒙古族生态智慧论——内蒙古草原生态恢复与重建研究［M］．沈阳：辽宁民族出版社，2009：27－57.

仅仅为了人而存在并没有内在价值的自然界的专治主义。”①工业文明的文化发展以“资本”为导向，使得人类中心主义的价值取向得以凸显，建立在此价值观基础上的科学技术及其应用，造成了人与自然的对立，自然的异化现象层出不穷，进而造成人与人的关系对立，人的异化现象普遍显现。资本主义生产方式致使地球环境遭到空前的破坏，一系列环境问题日益凸显，资源能源消耗巨大，人类逐步陷入全球性生态危机，进而引发严峻的生存危机和社会危机，对于人类持续发展构成严重威胁。

生态文明倡导的生态学思维方式是一种新的思维方式，在研究、观察、思考和行动中强调用生态系统整体性的观点，用非线性和循环的动态观点来认识和解决当下存在的主要生态环境问题。生态文明建设立足于人类生存与发展这个特殊中心，确立实现经济社会永续发展的社会目的，构建使人民在良好生态环境中生产生活的美好愿景，构建人类面向未来的社会生态责任，确立人与自然在实践基础上和谐共生的生态化思维方式。从“命运共同体”理念出发，习近平强调保护生态环境和走生态文明发展道路的重要性，并指出要改变那种把保护生态与发展生产对立起来的传统思维，强调经济发展不能以牺牲环境为代价，“既要绿水青山，又要金山银山”，实现经济社会发展与生态环境保护的共赢。习近平强调，山水林田湖草是一个生命共同体。② 不能种树的只管种树，治水的只管治水，护田的只管护田，其弊端就是造成顾此失彼的恶果，最终导致生态的整体性和系统性遭到破坏，引发生态危机。必须从系统整体性思维出发，尊重生态系统内在规律，统筹考虑生态系统构成要素彼此之间的密切联系，开展生态综合治理，进行系统修复，实现整体保护。生态文明建设需要全社会共同努力，良好的生态环境也为全社会所共享。我们必须加强宣传教育，引导全社会树立生态文明理念、生态道德，构建文明、节约、绿色、低碳的消费模式和生活方式，把生态文明建设牢固建立在公众思想自觉、行动自觉的基础之上，形成生态文明建设人人有责、生态文明规定人人遵守的良好风尚。

科尔沁沙地作为我国面积最大的沙地，其生态治理具有极其重要的实

---

①John Passmore. Mans' Responsibility for Nature［M］. New York：Scribner's，1974.

②中共中央宣传部．习近平新时代中国特色社会主义思想三十讲［M］．北京：学习出版社，2018：248.

践价值和现实意义，其生态文明建设关系到内蒙古两个“屏障”[①]建设的成效。沙地是草原向荒漠化过渡的中间环节，科尔沁沙地的形成表明，曾经美丽的大草原，其脆弱的生态环境受到不合理的人为活动干扰，就会打破人与自然之间的平衡，草原就会失去绿色逐渐沦为沙地。沙地治理就会实现绿色草原的再现，无视沙地环境恶化就会持续出现荒漠化蔓延致使沙地发展为荒漠。开展沙地生态综合治理，努力实现生态文明建设再上新台阶，既关系到区域内各族群众的生存和发展、民族团结和安全稳定，也关系到华北、东北生态安全以及环境的保护和改善。进入21世纪以来，科尔沁沙地生态治理已经初见成效，但生态脆弱的现状依然没有改变，在发展过程中仍然存在基础设施建设滞后、产业结构单一、区域发展不平衡、公共服务能力不强等一系列突出的困难和问题，科尔沁沙地生态文明建设任重道远。

## 5.2 转变政府职能，加强生态环保体制建设

生态治理是国家治理战略的主要组成部分，习近平总书记从推动国家治理体系和治理能力现代化的实际需要出发，在全球生态危机日趋明显的现实情况下，深入分析生态治理问题，形成了系统的生态治理思想理论体系，为生态治理实践奠定了思想理论基础。正确的生态治理理念是稳步推进生态治理实践的理论基础，主要应包括科学的政绩观、生态命运共同体的国际视野和符合生态主流价值观的公民生态文明观念的价值共同体。[②]只有通过改革创新不断推进生态治理的制度创新，解决生态治理主体问题，构建政府、企业、公众和社会组织协同共治的生态治理格局，才能构建系统完备的生态治理体制机制。

治沙止漠刻不容缓，绿色屏障势在必建。科尔沁沙地生态文明建设需要政府、企业、公众和全社会的共同参与，其中政府是主导力量。政府首先要从思想观念上把生态文明建设作为落实以人民为中心思想的一项重要

①注：内蒙古两个屏障建设是指努力把内蒙古建成我国北方重要的生态安全屏障；把内蒙古建成祖国北疆安全稳定屏障。

②陈雪峰．习近平生态治理思想的建构逻辑及其当代价值［J］．行政管理改革，2018（9）：8－13.

任务，树立起科学的发展观、文明观、生态观和政绩观，在实践中强化政府的能源及减排和任期绿化等工作责任制，建立一系列的政策体系，提高生态行政能力，综合运用经济、技术、法律等多种方式，采取必要的行政办法，着力解决发展中日益凸显的环境危机和生态问题。新时代科尔沁沙地推进生态文明建设，必须严格落实党的十九大精神，贯彻“绿色发展”理念，以建设美丽中国为目标，全面深化生态文明体制改革，着力加强生态文明制度建设，注重发挥政府在生态治理中的积极作用，推动形成人与自然和谐发展的现代化建设新格局。各级政府要充分调动广大人民群众保护生态环境、建设美好家园的主动性、积极性、创造性，凝心聚力，迎来科尔沁沙地生态文明建设新时代。

### 5.2.1 坚持生态优先原则，树立环保政绩观

新时代大力推进生态文明建设，政府必须肩负起相应的生态社会责任。新中国成立后特别是改革开放初期，我国各级地方政府从地区的经济利益出发，为了促进社会经济发展，提高生产力水平和人民生活水平，往往忽视生态问题。但是由于生态环境作为公共财产，其利益主体和责任主体是不对等的，难以用市场机制加以控制，因此，这就需要从宏观层面上由政府承担起公共利益提供者和维护者的职责。

树立科学的环保政绩观，坚持生态优先原则，合理制定绿色 GDP 的绩效考核评价体系。习近平指出：“保护生态环境就是保护生产力，改善生态环境就是发展生产力。”[①] 这一重要思想深刻阐明了生态环境与生产力之间的关系，是对马克思主义生产力理论的重大发展，揭示了正确处理好经济发展同生态环境保护之间关系的极端重要性，体现了科学的政绩观。我们必须坚持生态建设与生态保护并重，并将其纳入国民经济和社会发展的总体规划，通过地方法规的形式将自然生态保护工作列为各级党委、政府的重点工作之中。实践证明，生态环境保护能否落到实处的关键在于领导干部。[②] 早在十多年前，担任浙江省委书记的习近平即已指出：进入新的

---

①中共中央文献研究室．习近平关于社会主义生态文明建设论述摘编［M］．北京：中央文献出版社，2017：4.

②中共中央文献研究室．习近平关于社会主义生态文明建设论述摘编［M］．北京：中央文献出版社，2017：110.

发展阶段，“要按照统筹人与自然和谐发展的要求，做好人口、资源、环境工作。为此，我们既要 GDP，也要绿色 GDP。”[①] 在政治学及管理学等多学科视域下，要构建以绿色 GDP 绩效考核与评估为核心的评价体系，确保正确环保政绩观的树立。充分借鉴环境经济学、生态学的研究成果，运用统计学与计量经济学、环境经济学的已有计算方法，按照定性分析与定量分析相结合的原则，选取、确定“绿色 GDP”绩效评估指标体系，并随着时代的发展而不断修正和完善。采用“绿色 GDP”评价考核的首要价值在于对科尔沁沙地绿色发展给予精准指引，同时为考核地方干部政绩提供政策建议，为政府制定重大决策提供理论参照。[②]

与此同时，我们还要加大资源消耗、环境损害、生态效益等各项指标在地方各级党委政府绩效考核评价体系中的权重。在科尔沁沙地生态治理过程中，针对限制开发区域，尤其是奈曼旗、库伦旗、敖汉旗、阿鲁科尔沁旗等生态脆弱的国家扶贫开发工作重点旗县，要建立生态保护和恢复的考核体系。对已有的自然资源和生态保护等方面的制度规定，进行全面修订和完善，使各项制度成为硬约束。对重大污染环境的项目要严格落实“一票否决制”，同时要建立生态环境损害责任终身追究制。破坏生态环境的终生问责、终生追究制如同“达摩克利斯剑”高悬于领导干部头上，使其牢记生态保护的重要性，以此避免部分领导干部将一个地方环境搞得一塌糊涂不负责任的现象发生。科尔沁沙地的荒漠化防治从根本上还要尽快建立审计制度。以干部审计考核为主要抓手，对造成生态环境持续恶化，进而导致荒漠化日益严重的地区主要领导，要严肃追责问责，对造成生态环境损害负有责任的领导干部，不论是否已调离、提拔或者退休，都必须严肃追责。[③] 而对林、草等绿色植被得到良好恢复，生态环境改善明显，荒漠化防治效果显著的地区主要领导，条件成熟的要及时提拔、委以重任。以科学、合理、有效的考核指标体系、监控制约机制和奖赏激励机制作为主要手段，才能实现生态环境的根本转变。

---

①习近平．之江新语［M］．杭州：浙江人民出版社，2007：37.

②欧阳康．绿色 GDP 绩效评估论要：缘起、路径与价值［J］．华中科技大学学报，2017(6)：1－5.

③中共中央文献研究室．习近平关于社会主义生态文明建设论述摘编［M］．北京：中央文献出版社，2017：111.

### 5.2.2 推动改革创新，实现生态治理的现代化转型

体制机制创新是关系到生态治理瓶颈的关键问题，改革创新是生态治理的动力所在。沙地生态治理是国家生态治理的组成部分之一，其生态治理效果如何直接关系到东北、华北、西北的生态安全和祖国北疆安全稳定屏障建设，关系到全国的政治稳定和经济发展，更影响到“两个一百年”奋斗目标的实现。面对科尔沁沙地生态治理存在的问题及种种困境，要以“创新”发展理念为指引，坚持用改革的方法，逐步推进生态治理的理念创新、制度创新，要在变革治理理念的前提下，实现治理主体、治理方式和治理制度的现代化。①

其一，推动实现治理主体现代化，创造多元主体携手共治的治理格局。科尔沁沙地生态治理长期以来采取单一的政府治理模式，存在着官僚主义、监管缺位、制度缺失、资金不足等状况，存在着一定程度上的“政府失灵”现象。党的十九大报告基于对当前日益突出的生态环境问题的深入思考，提出加快生态文明体制改革的要求，着力构建以政府为主导、企业为主体、社会组织和公众共同参与的环境治理体系。② 现实表明，随着新时期生态环境治理的艰巨性和复杂性，政府难以再从“单维度”视角来审视沙地生态环境问题，亟须强化生态环境多元共治的现代化理念，整合各种社会力量进行合作治理，逐步形成以政府为核心的多元社会主体参与的多元综合治理框架，实现基于多元社会主体携手并进的生态环境共治格局。明确生态文明体制建设是政府公共管理的核心职能，是各级党委政府落实绿色发展、实现生态产品稳步增长的关键因素。新时代的生态文明建设必须依靠广大人民，通过民主协商的方式，实现多方参与、多方互动，开创政府与社会公众从对立走向合作、由管制走向共治的新局面。

实行沙地生态治理多元社会主体共治的核心目标是实现各主体的合作“共赢”，这也是企业、居民个人和社会组织参与沙地生态治理的动力源泉。改变过去在生态治理过程中，政府“缺位”“错位”“越位”现象，

---

①陶红茹，蔡志军．小城镇生态治理困境及其现代化转型——以长江经济带为例［J］．湖北社会科学，2018（10）：56－63.

②习近平．决胜全面建成小康社会 夺取新时代中国特色社会主义伟大胜利［M］．北京：人民出版社，2017：49－50.

通过实施新时代绿色发展战略，创建良好的生态治理环境，政府协同多元治理主体共同打造高效、廉洁、法治、透明的生态治理共同体。政府在这个共治过程中，要发挥“组织者”和“行动者”的双重作用。此外，有效发挥公众监督作用，建立完善监督约束机制。积极发挥新闻媒体和民间组织作用，自觉接受舆论和社会监督。对于涉及公众环境权益和利益的发展规划和建设项目，各级政府要自觉公开环境信息，并广泛听取公众的建议和意见。计划出台社会主体参与生态环境治理及其监督评价的相关制度，比如可以适当增加绩效考核评价体系中公众评价的比重和指标，以提升公众参与生态治理的积极性，保证政府生态环境绩效评估的有效性。

其二，推动实现治理方式的现代化，以民主、法治、文明、科学的方式推动沙地生态治理良性运转。实现生态治理民主化，就是要实现马克思所设想的“自由人联合体”的一种民主治理方式，构建一种“多元协商机制”和多中心参与生态治理的平台，通过对各治理主体利益的整合，激发企业、居民和社会团体参与生态治理的热情，缓解政府生态治理过程中的资金压力，逐步提高政府生态治理的权威性。多民族地区有着独特的生态文化，少数民族有着特殊的生态伦理观念，生态治理工作的开展应注重发挥当地少数民族居民的生态民主，在政策制定和执行过程中，应尊重少数民族千百年来形成的生态伦理习惯，合理采纳有益的见解和合理化建议，做好民族团结工作，提高公众参与生态治理的积极性。

实现生态治理法治化，就是要摒弃各级政府在进行生态治理过程中的“人治”思维方式，拒绝人情干扰，实现依法行政，逐步提高环保工作人员“依法办事”的意识，公平公正地处理各种破坏环境、污染环境的违法行为。实现生态治理文明化，就是要摒弃过去自上而下的强制性治理手段，用文明的方式对企业进行规范和约束，对居民个人进行教育和引导。实现生态治理科学化就是政府运用科学方式方法以及现代科学技术对沙地开展生态治理。

在创新绩效考核制度基础上，进一步完善科尔沁沙地生态环境治理的制度体系，建立沙地生态治理执行制度，制定执行量化标准，提高执行的公信力和强制性；逐步健全生态环境治理的内部监督和外部监督制度；建立强而有力的生态监管机制，健全事前、事中和事后监管的每一个环节；建立自然资源空间规划制度体系，健全资源生态环境管理制度；逐步健全草原、森林开发保护制度，统筹国家及地方主体功能区规划；建立草原资源管理和节约制度；完善自然资源有偿使用和补偿制度，培育沙地资源利用市场体系。

其三，推动国际交流，开展区域合作。当代资源、生态与环境问题就其本质而言是一个全球性问题，是全人类生存与发展共同面临的重大挑战。实现人与自然和谐相处，建设生态文明，是人类社会发展不可逆转的历史潮流。人类文明的超越与重构，人类家园的再塑和重建，将是一场全球性思维方式、生产方式和生活方式的巨大变革。这需要全球范围内各个国家和政府的共同努力，究其原因，一方面是地球环境系统极其复杂、彼此相关，全球经济社会利益日趋紧密，致使局部性、地区性环境问题发展蔓延，最终造成全球性的影响；另一方面是工业化造成人类对于因荒漠化而导致的水土流失问题日趋严重，特别是沙尘暴频发、极端恶劣气候不断发生等生态恶化现象的日益加剧，已经导致其影响范围超过一国或一个地区，需要世界各国联合起来携手合作协同推进生态文明建设。

在当前经济全球化时代背景下，人类面对共同的生态危机和环境问题，需要携手合作形成“人类命运共同体”。习近平指出：“防治荒漠化是人类面临的共同挑战，需要国际社会携手应对。”① 习近平“人类命运共同体”理念是对马克思恩格斯“自由人联合体”思想的继承与发展，体现了马克思主义理论的时代创新，也是对中国传统生态伦理思想的创造性转换。② 地球是人类共同的家园和发展的基础，只有世界各国共同维护，才能保障全人类生存发展的基本权益。生态危机是地球的危机和全人类共同面对的灾难，亟须各个国家共同努力、共同参与、协同作战，才能有效缓解并消除危机，而盲目乐观、消极逃避甚至末日狂欢都是自取灭亡的选择。科尔沁沙地生态文明建设是一项非常紧迫的战略任务，对于深化中国干旱、半干旱区响应全球变化的研究具有重要意义，对于推动荒漠化防治、实现生态保护与恢复、开展应对全球环境与气候变化方面的国际合作必将产生深远影响。

①中共中央文献研究室．习近平关于社会主义生态文明建设论述摘编［M］．北京：中央文献出版社，2017：146.

②王雨辰．人类命运共同体与全球环境治理的中国方案［J］．中国人民大学学报，2018（4）：67－74.

生态环境治理既要坚持全球性的视野又要兼顾地方性视角，即坚持“全球视角”和“地方视角”两个维度。所谓“全球视角”，要求我国在分析、处理当前世界上有关环境问题的争议时，要遵循“全球环境正义原则”，使发展中国家的环境权和发展权得到有效维护。所谓“地方视角”，是指在坚持“全球环境正义原则”的前提下，特定区域生态文明和现代化建设实践要在生态文明理论研究的指导下进行，以确保我国经济社会实现可持续发展。在当前和今后一个时期，我国生态文明建设需要着力探索实现公平公正的国际政治经济新秩序，进而使不同的民族国家公平公正地分配和使用生态资源，在环境治理问题上，要使中国的环境权和发展权得到切实的维护。

科尔沁沙地作为中国目前面积最大的沙地，人地关系矛盾突出，治理难度大。科尔沁沙地生态治理采取了退耕还林、退牧还草、荒漠化防治、防护林建设、天然林保护等一系列生态治理的举措，在生物多样性保护和碳固定等方面做出了积极贡献，有利于争取国际支持、促进国际合作。他山之石可以攻玉，科尔沁沙地生态文明建设需要借鉴美国、澳大利亚、加拿大等发达国家的治理经验，努力采取多方措施，使生态环境走上可持续发展的轨道。科尔沁沙地生态文明建设是一项长期持续投资的巨大工程，通过多种渠道争取国际支持，不断健全和完善组织合理、调控有效、投资畅通的运行体系和机制，对于缓解巨大的生态文明建设资金需求与财政能力不足之间的尖锐矛盾将起到积极的促进作用。以人与自然耦合系统为对象，以政府为主导推进公众参与和国际合作，开展多领域、跨学科的基础理论和应用研究，进行技术研发、产业培育、试验示范与推广，重点着眼于生态文明建设的教育与培训、退化沙化土地的生态修复、可持续生计、生态城镇设计与管理、野生动植物多样性的保护、生态旅游与地方文化资源开发等领域。中国特色社会主义新时代的开启，“一带一路”、环太平洋会议、金砖国家会议、上海经合组织等战略与协作机制的推出，亚洲开发银行、金砖国家银行等国际金融公司的发起与成立，为科尔沁沙地生态恢复与重建、开展荒漠化治理、推进新型城镇化建设拓宽了国际合作的机会和渠道。

科尔沁沙地生态文明建设，应该有胸怀全球的思考方式和国际视野，树立环保的严正性与完整性。科尔沁沙地生态治理要注重发挥国际和国内的有利优势，积极拓展国际合作，学习和引进国内外先进的经验技术，大力拓展资金来源，在已经实现治理大于破坏的基础上进一步实现全面治理和零破坏，形成良性循环的生态模式，以区域生态稳定发展推动整体生态系统的持续发展。

### 5.2.3 重视文化教育，培育生态公民

生态文明建设最终目标聚焦的是人的生存和发展，需要人自身形成高度的“生态自觉”，摆脱“生态失衡”与“心态失衡”的困境。建设生态文明，实现人与自然和谐相处，首先要在自我反省的基础之上实现人的“自我革命”，增强人的“自我意识”，从而实现“生态自觉”。生态文明建设需要培育具有生态意识的良好生态公民，要将文明建设理论内化于心、外化于行。

生态文明建设着眼于未来，未来是社会公众创造的，公众必须自觉参与并肩负起自身的社会责任，公众素质始终是一个重要的决定因素。只有实现公民社会人人向“生态人”身份的转变，才能实现马克思主义关于“自然主义、人道主义、共产主义”相统一的、由必然王国向自由王国的历史转变,[①] 才能真正实现美丽中国的建设目标。然而，居住在科尔沁沙地的广大农牧民整体素质偏低，与生态文明建设的要求不相适应，这是当前一个无法回避的问题，在很大程度上影响着社会的生产和消费方式以及价值观的生态化转向。因此，要做好全社会的生态意识普及工作，并纳入终身教育的范畴体系。新时代背景下，政府需要充分利用传统与现代的各种宣传平台，采取群众喜闻乐见的各种宣传形式，对于居民开展生态环保宣传教育。

首先，要正确认识人的主体地位与主体作用。从社会历史观的角度来看，无论是实践活动还是精神活动以及人类社会的进步和历史创造的实现，都离不开人的有目的、有意识的自觉参与，人是历史的主体，是一切社会活动的承担者。[②]

生态问题产生于人的行为导致的不良后果，人的行为又根源于利益，

---

①黄承梁．论习近平生态文明思想对马克思主义生态文明学说的历史性贡献［J］．西北师大学报．2018（5）：5－11.

②徐春．以人为本与人类中心主义辨析［J］．北京大学学报，2004（6）：33－38.

因而环境问题的实质体现为现实的利益关系问题。按照“责、权、利”相统一的原则，生态文明建设过程中每一个利益主体都有保护生态环境的责任，真正做到权益主体与责任主体、风险主体相一致。经济行为主体要正确处理短期利益与长远利益、局部利益与整体利益之间的关系，缓和各种利益冲突，自觉遵从利益协调机制，推进人与自然关系的协调发展。

人类与自然相依而存，“我们与地球是一个整体，并且我们的存在和物质基础都源于地球”。[①] 人类本身就是自然生态的组成部分，人是一个生命体：从自然界中演化而来，也要在自然界中生活。人的生活需要有适合于人生活的自然条件：得以立足的大地，清洁的水，由各种不同气体按一定比例构成的空气，适当的温度等等。由这些自然条件构成的稳定的动态的自然系统就构成了人类生活的自然环境，这个环境作为人类生存的必要的自然条件，是人类的“家园”。

工具理性满足人的自然性，而纯粹理性约束、限制人的自然性，审美理性疏导人的自然性，三者之间协调一致才能实现理性对人与自然关系的超越，实现人的自由全面发展。生态文明建设需要改变工业社会无视自然价值而且过分高扬人的价值的狭隘的“人类中心主义”，实现从个人本位到类本位的转变；从绝对主体意识到“有限主体”意识的转变；从享乐意识到生存意识的转变；从现世主义意识向未来意识的转变。[②]

生态文明建设呼唤新的时代精神，确立新世界观，用实现工具理性来满足人的本能欲求、生理需要，用纯粹理性来控制人的本能欲求、生理需要，情感理性参与、融合从而引导、提升本能欲求、生理需要，使得人的需求和发展超越直接的物质功利性和个体性，从而推动人化自然世界的不断发展，实现人与自然的和谐。生态文明的幸福观注重精神价值，追求精神的愉悦和心灵的感悟，这种幸福观充满着对自然的尊敬，对生命的热爱，对人与自然和谐的守望与期盼，因而产生的幸福感是持久的，是物质价值所无法替代的。只有树立生态文明的幸福观，人们才能“诗意地栖居”于大地之上。

---

①[美] 约翰·贝拉米·福斯特．生态危机和资本主义［M］．上海：上海译文出版社，2006：45.

②刘福森，曲红梅．“环境哲学”的五个问题［J］．自然辩证法研究，2003，19（11）：6－10.

其次，正确理解目的与手段的关系。工业文明之下，人的主体性得到了过度的放纵，人类中心主义造成了人与自身以及与环境关系的异化。今天，整个人类正承受着生态破坏和环境污染的恶果，承受着大自然对人类的惩罚。工业文明扭曲了人与自然之间的关系，人凌驾于自然之上，结果造成了人与自然之间的尖锐矛盾。生态文明倡导人与自然和谐的生态价值观，消除人的异化导致的环境异化，实现人与自然和谐共生。生态文明建设呼唤理性的生态人，正确发挥主体作用，正确对待和处理人与自然之间的关系。习近平指出："要加强生态文明宣传教育，增强全民节约意识、环保意识、生态意识，营造爱护生态环境的良好风气"。[①] 加强生态文明建设推动科尔沁沙地生态治理，首先就要做好宣传教育和知识普及工作，抓好精神文明建设在教育人民、引导人民、塑造人民方面的积极作用，抓好制度化、系统化、大众化的生态文明教育体系建设，将公众环保意识和生态价值观教育落细落小落实，使生态文明成为主流价值观并在全社会普及。政府要加强生态文明宣传教育，利用新兴科技如微信、微博等宣传平台，结合传统的宣传标语、农村牧区文化讲堂等丰富多彩的形式，引导居民树立生态环保意识。在对儿童、青少年的环境教育中，通过让生态文明知识进课本、进课堂、进校园，使学生深刻领会人和自然交往中的行为准则，养成热爱自然的好习惯，自觉承担保护环境的责任。各级党校和各种社会组织机构应广泛开展环境保护讲座、小型读书会、研讨会等活动，以便于将环境保护渗透于政府的具体决策和社会各个组织机构中。

习近平反复强调："我们中华文明传承5000多年，积淀了丰富的生态哲学智慧"，习近平还多次引用中华传统文化中的经典语句，表达保护生态、实现人与自然和谐相处的生态哲学理念，多次指出要汲取传统文化中所蕴涵的生态保护思想，构建生态文明建设的文化体系。儒家的"天人合一"视人与天地万物为一体，道家的"道法自然"彰显了尊重自然、保护自然的观念，佛家的"众生平等"宣扬万物皆有佛性、众生皆平等的生态伦理。中华传统文化中，顺应自然、保护自然的"天人合一"生态自然观念、"仁民爱物""民胞物与"的生态伦理要求，尊重自然、共生共在的"道法自然"生态辩证观念，这些为当今生态文明建设提供了重要文化资

---

①中共中央文献研究室．习近平关于社会主义生态文明建设论述摘编［M］．北京：中央文献出版社，2017：116.

源。科尔沁沙地生态文化建设，应努力挖掘中国传统文化中蕴涵的生态保护思想，尤其要重视蒙古族生态智慧的伦理价值，实现其时代转变，引领广大农牧民开展生态文明建设。在蒙古族生态智慧中，天地万物是大自然的有机构成，维护草场、爱护牲畜、保护生态是蒙古族最质朴而高尚的泛伦理主义情怀。千百年来，蒙古族扎根草原，如何对待自身的生存环境是关系到民族生死存亡和种族延续的核心问题。破坏草原、毁坏生态的行为与做法，对于蒙古民族来说，是坚决不被容许的。蒙古族近现代历史上以抗垦著称的嘎达梅林的英名，几乎在科尔沁草原乃至蒙古族地区家喻户晓，草原人民永远歌颂其英勇抵抗开垦草原的英雄事迹。今天，嘎达梅林精神被广泛传播，其内核就是热爱家乡、尊重自然规律、保护生态环境，坚持自然与人的和谐发展。

生态文化的政治特征是以人为本，制度建设应当充分体现公平公正原则，促进生态文明各项政策的贯彻落实，弱化利益冲突和社会对立，从观念上行为上提高文明的水平，实现生态文明建设稳步推进。生态文明建设不仅仅是节约资源或者治理环境，而且是惠及全体人民、关系人民福祉、关乎民族未来永续发展的大计，涉及整个社会文明形态的深刻变革。对于这场变革，改变传统观念是持续、合理利用有限土地资源的关键，这需要通过文化规约和制度安排，激发人们的生态环境保护意识，自觉担当并普遍践行保护生态环境的责任，使得人们的生态保护行为成为自觉的、自我约束的行动。

## 5.3 推动形成绿色发展方式和生活方式

当代中国生态文明建设以绿色发展理念为指引，作为新发展理念（创新、协调、绿色、开放、共享）的重要组成部分，绿色发展目标是建设生产发展、生活富裕、生态良好的文明社会，建设美丽中国，为此要着力推动形成绿色生产方式和经营方式，倡导绿色消费方式，引领绿色生活方式。长期以来，科尔沁沙地现代化和生态文明建设的重大挑战就是经济发展与资源环境之间的尖锐矛盾。面对这对矛盾日益深化的严峻局面，转变经济发展方式的要求日益急迫。毕竟环境保护的结果是提高和改善生活质量，它是以经济发展为前提和保障的，也是与经济发展相伴而生的课题，是当代人为后代人的发展留下空间和进行生态资源积累。科尔沁沙地作为中国目前最大的沙地，尤其是作为一个多民族杂居的农牧交错地带，经济发展和环境保护的矛盾尤其突出，更要处理好二者之间的辩证关系，使其保持适度的张力和平衡，以防顾此失彼有所偏废的现象继续发生。转变经济发展方式是生态文明建设的必然选择，实现用较低的资源和社会代价来换取资源节约型和环境保护型的产业结构和发展方式，是新时代科尔沁沙地生态文明建设的必由之路。

### 5.3.1 转变经济发展方式，实现绿色发展

习近平明确指出："推动形成绿色发展方式和生活方式，要坚持和贯彻新发展理念，正确处理经济发展和生态环境保护的关系。"[①] 新时代科尔沁沙地生态环境保护的成败，归根结底取决于经济结构和经济发展方式。科尔沁沙地生态文明建设要注重人类变革自然之实践的整体综合效应，实现经济、社会和生态环境三者效益的有机结合，遵循可持续发展的要求，立足于节约资源和环境保护，坚持节约和保护优先、自然恢复优先的原则，着力推进绿色、低碳和循环的经济产业发展模式。

2020 年 3 月 30 日，习近平总书记调研浙江省安吉县余村时，再次强调"两山论"。[②] 经济发展不能以破坏生态为代价，生态本身就是一种经济，开展生态保护，生态也会回馈人类。因此，在我国经济发展进入新常态的形势下，以绿色执政引领中国"强起来"[③]，发展经济必须在马克思主义生态观和习近平生态文明思想指引下，以党的十九届四中全会精神为指导，坚定"两山论"绿色发展理念，在经济发展中加强生态环境保护，在生态环境保护中寻求经济发展，壮大环保型第二产业和现代化服务型第三产业的规模，不断推动污染企业转型或对其结构优化升级，建立健全绿色经济发展体系。

转变经济发展方式应高度重视经济社会和人的全面发展。"协调环境

①中共中央文献研究室．习近平关于社会主义生态文明建设论述摘编［M］．北京：中央文献出版社，2017：36．

②在习近平到浙江调研之际再读《之江新语》［EB/OL］．https：//china.huanqiu.com/article/3xeztX5xUjt．

③吕忠梅．习近平新时代中国特色社会主义生态法治思想研究［J］．江汉论坛，2018（1）：18－23．

保全与经济增长和能源稳定供求之间的关系，就必须将它们理解为‘三位一体’”，[①] 而不是坐吃山空！科尔沁沙地发展荒漠化治理产业，实现生态治理与农牧民增收“双赢”的有效途径，必须按照市场经济的客观要求，大力发展与当地资源相适应的一批沙产业、草产业，使其自身的经济目标与生态建设目标统一起来，让农牧民这些治理荒漠化的主力军在生态治理过程中逐步脱贫致富。科尔沁沙地历史上曾经是水草肥美的科尔沁草原，蒙古族是科尔沁草原上的主体游牧民族，在漫长的历史发展过程中形成了适合当地自然状况的生态文化。这种生态文化是一种在生产力较低水平和低层次下的脆弱的人与自然的平衡，在现代生活中需要进行创造性的发展，需要从现代生态文化观、适应现代社会发展的制度体系，以及实现现代化的集约型和效益性生产方式等方面加以改造创新。这就需要建立经济社会生态和谐发展的区域经济发展模式。[②]

过去人类限于认识水平和改造自然的能力，只能走一条“先破坏后治理”的曲折而且代价很高的道路。现阶段，人民物质需求由盼温饱、求生存转为盼环保、求生态。如今人类已经开始认识到并能够逐步治理和保护好生态环境，能够做到比较合理地开发和利用自然资源，那么就应该开创一条既能够发展经济改善生活又能够节约资源保护环境的双赢之路。

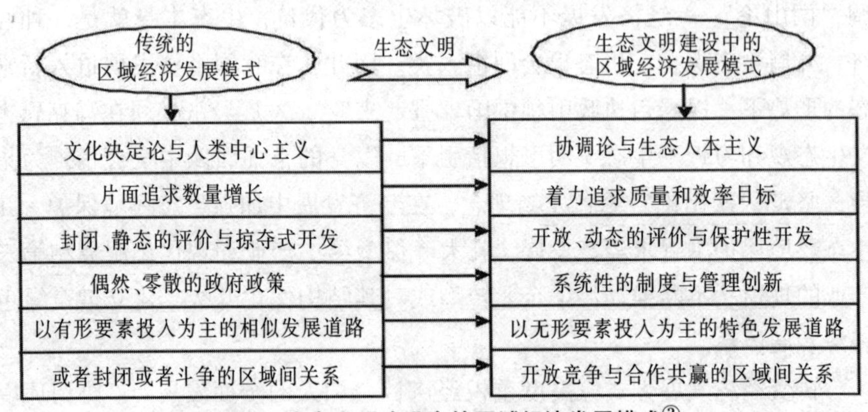


**图 5.1 生态文明建设中的区域经济发展模式**[③]

①岩佐茂．环境的思想［M］．韩立新等译．北京：中央编译出版社，2006：54.

②孟祥仲，袁春振．从“转变经济增长方式”到“转变经济发展方式”——对“转变经济发展方式”新表述的研究［J］．山东经济，2008（3）：31－34.

③图片来源：孔翔，杨宏玲．基于生态文明建设的区域经济发展模式优化［J］．经济问题探索，2011（7）：38－42.

习近平指出："绿色发展，就其要义来讲，是要解决好人与自然和谐共生问题"。[①] 经济发展是基础，人的发展是目的，社会和谐是载体。科尔沁沙地生态文明建设在坚持以经济建设为中心的同时，也应当追求社会公平、政治民主和民生改善，时刻记住发展是"硬道理"，环保是"硬要求"，避免陷入"经济增长在资源环境方面付出的代价过大"的窘境。

首先，大力发展绿色低碳循环经济。经济发展是基础，人的发展是目的，社会和谐是载体。科尔沁沙地生态文明建设必须以人类变革自然之实践的整体综合效应为目标，以实现经济、社会和生态环境三者效益的有机结合为根本目的，自觉遵循可持续发展的现实要求，立足于节约资源和环境保护的实际需要，坚持节约和保护优先、自然恢复优先的原则，借鉴西方发达国家成功经验，大力推进绿色、低碳和循环的经济产业发展模式。

西方发达国家在探索资源能源节约利用发展方式的过程中，改变传统的"高能耗、高物耗、高污染、低产出"的线性发展模式，构建新的增长方式和消费模式，通过国民经济结构战略性调整和产业结构优化升级，按照"减量化、再利用、资源化"的原则，在工矿业、农牧业以及企业生产中发展生态循环经济，用较低的资源和环境代价就可以换取较高的经济效益与发展速度，统筹兼顾当代和子孙后代发展的需要，实现人类社会可持续发展。相对于传统经济模式而言，循环经济具有提高能源资源利用效率的突出特点，能够最大限度降低废弃物排放从而保护生态环境的显著优势，是一种能够实现经济、社会与环境之间三方"共赢"的新型可持续发展经济模式。建设低碳经济，其实质就是高效利用能源、实现区域清洁发展、促进产品低碳开发和维护全球生态平衡，是从高碳能源时代转向低碳能源时代的一种经济发展模式。[②]

其次，引导非公经济参与生态治理。长期以来，内蒙古生态保护与建设工作的基本模式是政府投资、行政命令、农牧民被动参与，民营企业和民营资本鲜有介入。这种模式造成的结果：一是建设资金有限，不利于大规模推进，局部或单个项目实施后，过度放牧、草场超载依然如故，牲畜夏饱、秋肥、冬瘦、春死；二是各级政府、部门的责、权、利不明，重种

①中共中央宣传部．习近平新时代中国特色社会主义思想三十讲［M］．北京：学习出版社，2018：247.

②解振华．大力发展循环经济［J］．求是，2003（13）：53－55.

植、轻管理现象严重，每年都是春天植树、夏天羊啃、冬天树死、来年重栽，年年造林不见树；三是广大农牧民没有参与生态治理的积极性，农牧民对生态治理的态度是“要我干”不是“我要干”，这样就造成地区、部门和项目的总体生态治理效率低下。实践证明，把生态重点工程项目的生态效益和经济效益统一起来，鼓励民间资本进入生态产业，充分调动企业和群众的主体作用，创建经济发展与生态治理相结合的发展模式，是实现美丽和发展双赢的有效途径。具体来说，科尔沁沙地退化生态系统的治理应遵循以下原则：资源使用上的节约利用原则，环境改善上的保护第一原则，生态建设上的自然恢复原则，沙化治理上的生态重建原则。

新时代科尔沁沙地的发展新路，在于着力探索并推进绿色发展、循环发展、低碳发展，其基本原则就是：高效低耗、高品低密、高标低排、无毒无害、清洁健康，实现绿色工业化、绿色城市化和环境保护的互利耦合，实现发展与环保双赢的目的。“今天的生态危机需要有计划地缩减工业生产。我们把这称为‘生态命令’”。①

### 5.3.2 转变生产经营方式，发展绿色产业

转变经济发展方式是生态文明建设的必然选择，实现用较低的资源和社会代价来换取资源节约型和环境保护型的产业结构和发展方式是生态文明建设的必由之路。与国外发达国家和国内发达地区相比，科尔沁沙地在生态资源维护中提高生态资源的利用效益问题显得更为紧迫。

要坚持以市场需求为导向，以科技进步为动力，从根本上改变原来粗放的经济发展方式，深化产业结构战略性调整，建立与当地资源相匹配相协调的新型产业体系。以通辽市为例，全市现有工业企业 23367 家，个体工商户 20.06 万户，其中仅有 179 家通过 ISO 质量管理体系认证，大部分企业仍然在走传统粗放式发展的老路。在推进生态文明建设的过程中，亟须实现向标准化、集约化发展方式的转变，引导实体经济向绿色清洁方向发展，大力发展循环低碳的绿色经济，支持制造业绿色改造。近年来，通辽市大力发展、引进绿色低碳环保的新兴产业，按照《战略性新兴产业分类（2012）》目录，2018 年全市 208 家规模以上工业企业中从事战略性新

①[加] 本·阿格尔．西方马克思主义概论［M］．慎之等译．北京：中国人民大学出版社，1991：491.

兴产业产品生产的有46家，涉及节能环保、生物、高端制造、新能源、新材料等方面，产值逐步提升占至规模企业的19.1%。2018年1月通辽原野新能源汽车制造有限公司成立，项目总投资20亿元，专注于新能源客车、物流箱货车等产品生产和氢动力转子发动机产品的研发、生产与销售的高科技企业。通辽市经济技术开发区，在招商引资过程中重点引进节能环保、生物技术、新能源等新兴产业，做强做大绿色经济，福耀浮法玻璃项目、英诺泰玉米秸秆制羧甲基纤维素钠项目、汉恩生物科技项目的引进，实现了经济发展与环境保护的“双赢”。

企业是市场的主体，生态文明建设过程中企业是否能承担生态责任至关重要。建设生态文明，企业必须从完善科技应用、解决环境污染做起，切实确立生态文明发展理念，自觉承担维护生态平衡和保护环境的责任，在人才培养、技术投入、信息共享和企业文化上全方位进行变革创新，同时以国家政策指引和市场需求为依据，科学选择适合本企业的发展目标和生态化水平高的构建项目进行创新投入，发展生态工艺，从企业发展长远上构建绿色长效的模式。在供给侧结构性改革的宏观背景下，企业应以“生态优先、绿色发展”为目标，提高供给质量，满足消费者需要，积极响应生态文明建设号召，为生态治理作出应有贡献。

首先，企业要树立绿色经济发展理念。中国经济正处在转变发展方式、优化经济结构、转换增长动力的攻关期。习近平“两山论”思想辩证地揭示了保护生态就是保护经济发展的本质，强调在索取中投入、在发展中保护、在利用中修复，防止走先破坏再保护的老路。要充分利用自然优势发展因地制宜的绿色产业，把绿色生态产品转化为经济的增长，坚定不移树立生态经济观。

其次，企业要加强自身环境管理。企业应将环保管理测评考核纳入员工薪酬范围，严厉查处环保薄弱环节，对环保管理做出杰出贡献的员工加以提拔重用、进行典型宣传，培养节能环保的企业文化。及时发现并处理其生产过程中存在的隐患和问题，建立污染突发事件应急救援计划，避免发生重大污染事故。

再次，企业应优化资源高效利用制度。积极转变生产方式，抓住时机调整产业结构，为生态安全做出重大贡献。“既要 GDP，又要绿色 GDP”。[①] 加快形成绿色经济发展方式，调整能源结构和生产技术，积极参与节能环保产业建设。在原料使用前采用污染物净化措施，降低生产过程中污染物的排放。

最后，企业应增加环境保护责任感。企业在追求经济利益的同时要增加生态环境保护意识，才能实现企业效益最大化和促进社会主义市场经济持续健康发展。以支付宝为例，支付宝在成为全球最大的移动支付厂商后，积极投身到生态环境保护之中，这家公司在通辽市蚂蚁森林公益造林第二批建设项目中，共栽植苗木 375.4 万株，其中种植沙棘 296 万株，地方自筹混交元宝枫、榆树 79.4 万株，建设面积为 20000 亩。

### 5.3.3 引领绿色生活方式，倡导绿色消费

在人类社会发展过程中，消费使人类告别了简单的生产方式，推动了生产力的发展。然而不容忽视的是，需要与消费的矛盾伴随着人类产生而出现，而且在当代社会呈现出愈演愈烈的趋势。人类作为自然界的一分子，参与了整个生态系统的物质、能量和信息流的循环。人类的消费行为是生态系统能量流动的一个重要环节，而人类恰恰是在这一环节出现错位现象加剧了生态系统的紊乱。需要与消费的矛盾，一方面推动人类不断走向进步，使社会趋于文明；另一方面，这一矛盾也给人类社会的发展带来许多始料未及的消极后果，在当今时代表现尤为突出。

工业文明造成了工具理性极端片面，纯粹理性内在分裂，审美理性深度缺失；人永远被私利所累，为物欲所役，永远不可能获得真正的人的自由与和谐。在现代，消费与身份、地位、阶层和平等相连接，消费是人们获得精神上的自尊、自我价值和自我实现的满足。但今天的人们正逐渐被贪欲所控制，“最终成为物的奴隶”。异化消费导致人受到物的支配、迷失人生的方向、价值和存在的意义，人和自然的关系被归结为支配和被支配的工具性关系。这种异化消费所连接的幸福观片面强调对物质的无限占有就是幸福，物欲的满足和感官的快乐就是幸福。从本质上看，这种幸福观建立在人对自然的无情掠夺的基础之上，因而幸福是短暂的，物质欲望永

①习近平．之江新语［M］．杭州：浙江人民出版社，2007：37.

无止境欲壑难填导致人成为单向度的存在。

在现代社会，与经济和文化的突飞猛进相伴随，各种异化形式层出不穷，异化消费现象不断涌现。异化消费的结果不可避免地加剧生态问题，造成资源和能源的大量浪费，环境污染加剧，继而引发严重的生态危机和生产危机，最终导致整个社会爆发经济危机，对人类生存造成威胁，难以持续发展下去。与消费异化相伴而行的是需要或需求的异化，人们深深地陷入了一种难以自拔的“丰饶中的纵欲无度”。[①] 人的需要受到生产力水平的影响呈现出发展变化的特征，同时又受到消费水平的制约。需要的变化与增长在合理限度内能够促进经济社会的持续发展，但是如果超越限度就会导致需要的膨胀，出现需要的异化，进而对于自然、经济以及社会发展产生破坏性影响。

马克思主义创始人马克思和恩格斯的生态哲学中包含有适度消费和绿色消费的思想，提出了避免过度奢侈消费的主张，强调因消费造成的对环境的压力不能超过自然生态环境的吸收能力、补偿能力、再生能力和修复能力。反思当今时代，正是人的需要与消费的紧张和冲突关系，以及消费与需要的双重异化导致了我们所面对的生态危机，“消费问题是环境问题的核心，人类对生物圈的影响正在产生着对于环境的压力，并威胁着地球支持生命的能力”。[②] 生态文明建设，必须从扭转需要和消费的畸形关系入手，来有效化解二者之间的矛盾。首先，必须实现消费对人生存发展所需正常合理需要的满足，同时，从消费的合理限度入手，使消费与生产水平、资源环境的承受能力相适应。不要让享乐主义吞噬个人灵魂和颠覆社会约束，要理性地节制物质欲望的价值追求，突破物化的精神藩篱。

生态文明社会注重内涵丰富的精神文化生活，崇尚简朴消费，倡导绿色消费。这是一种以实现人与自然和谐为目标的新型消费文化，具有比过度消费的生活更丰富和更高级的生活结构，属于新的生活方式。这种生活方式的产生需要科学技术进步以及社会生产力发展达到一定水平，它的产生符合自然和人的本性，符合保护生态的要求和人的根本性需求。21 世纪

---

①陈学明，寻找构建生态文明的理论依据——评 J. B. 福斯特对马克思的生态理论的内涵及当代价值的揭示［J］. 中国人民大学学报，2009（5）：99 – 107.

②［英］施里达斯·拉夫尔. 我们的家园——地球［M］. 张坤民译. 北京：中国环境科学出版社，1993：152.

以来，中国人的消费结构呈现多元化、个性化、时尚化、超前化等特征，生活在科尔沁沙地的广大民众也承受着消费主义文化价值观的猛烈冲击，我们要建设生态文明，必须改革和引领人们的消费观，大力倡导适度消费、绿色消费、深度消费、自主消费和文明的精神性消费。[①] 绿色消费以追求健康和自然为第一原则，适度消费以量入为出、节制贪欲为第一原则，深度消费以物尽其用、节约资源为第一原则。绿色消费是一种热爱自然、追求健康、降低消耗、杜绝浪费的全新消费模式。绿色消费作为可持续发展的重要一环，它要求人们立足于节约资源，而不是通过消耗大量资源来追求舒适生活。

习近平指出："推动形成绿色发展方式和生活方式，是发展观的一场深刻革命。"[②] 生态文明建设的目标是实现生态与经济、自然与社会的和谐发展，因而需要倡导日常生活的简朴主义，要变革控制自然、支配自然、索取自然的生活方式，而采取解放自然和相得益彰地利用自然的生活方式。简朴主义的生活方式从根本上有利于恢复生态、节约资源，减少大自然对人类的报复和惩处。科尔沁草原荒漠化进程的加剧使我们充分认识到：世界绝不是一个可以无限挖掘的资源库。实现科尔沁沙地的治理和草原生态系统的恢复，必须改变不合理的消费方式，必须确立绿色消费、倡导简朴生活[③]，树立低碳的思维方式和行为观念、倡导低碳人生观。以人与自然和谐相处为价值引领，以对待生命的态度对待生态环境，像保护眼睛一样保护人们赖以生存的自然环境，引导居民合理适度消费，鼓励人们购买绿色低碳产品，倡导使用节能环保可循环利用的新产品，深入开展反食品浪费、推行节能减排、推广绿色殡葬等行动，坚决反对享乐主义和奢靡之风，使节约光荣、浪费可耻的社会氛围更加浓厚。

## 5.4 实行最严格制度最严密法治，保障生态治理良性发展

"生态文明" 发展目标的确立，对于制度建设提出了新的要求。生态

①李杰．马克思主义人学视阈下消费的价值［J］．社会科学战线，2014（7）：12－16.

②中共中央文献研究室．习近平关于社会主义生态文明建设论述摘编［M］．北京：中央文献出版社，2017：36.

③余谋昌．生态文明论［M］．北京：中央编译出版社，2010：71.

文明作为一种文明范式或社会形态，有其不同于工业文明和前工业文明的制度设计。现实的、实在的自由是在实践中实现的，在实践中实现的自由并不是任性而为，相反，“不自由恰好就在任性中”。[①] 要获得现实的自由就要遵循一定的规范，遵循规范是实现自由的先决条件。规范是经过历史积淀而形成的既合规律性又合目的性的行为规则和标准，是人的行为获得成功的保障，也是人获得现实自由的途径。

党的十八大以来，党和国家高度重视生态文明领域的制度建设，从顶层设计的高度不断深化、逐步推进生态文明体制改革，从国家战略高度将生态文明纳入中国特色社会主义建设“五位一体”总体布局之中，大力推进生态文明建设，将之融入经济、政治、文化、社会各个领域的建设。习近平强调：“只有实行最严格的制度、最严密的法治，才能为生态文明建设提供可靠的保障”。[②] 法治是国家制度中一项不可分割的重要组成部分，保护生态环境和建设生态文明均离不开法治。习近平总书记在许多场合强调，必须清楚地认识法律、制度在环境保护中的独特地位，看清多年来生态问题绝不是一朝一夕就能解决的问题。建立生态红线管理和法律保护体系是长久性工作，一方面要对现行的相关生态环境保护法律进行修订的基础上，进一步完善新时代生态建设的环境法律体系，完善和修订《环境与草原保护法》《中华人民共和国草原法》等；另一方面要做到与时俱进立新法，解决新问题，增强人民的幸福感，增加《草原保护区保护法》《草原污染防治法》等，切实为实现草原生态恢复提供法律保障。

加强生态文明建设，离不开严格制度的强有力约束，依赖于严密法治体系的强有力保障。西方发达国家环境治理的实践充分证明，在保护环境、进行生态治理过程中，加强制度建设、推行严密法治发挥了极为重要的作用。当代中国加强生态文明建设，需要进一步制定并逐步完善相关制度和法治，推进生态文明建设迈入新时代。

坚持用最严格的制度保护生态环境的原则，完善生态文明制度体系，构建科尔沁沙地生态治理的制度保障。社会制度作为一种社会规范，体现为人们的行为准则，是约束人们行为的外在条件。作为系统化、固定化、

---

①[德] 黑格尔．法哲学原理［M］．范扬，张企泰译．北京：商务印书馆．1961 版（2018 年第 15 次印刷）：30.

②习近平．习近平谈治国理政［M］．北京：外文出版社，2014：210.

体系化、成文化的行为规范，社会制度的显著特点就在于其外在强制性和权威性，它要求人们的行为必须如此，违背了制度规范就要受到相应的物质性惩罚。为贯彻习近平生态文明思想，中国已将绿色原则确立为民法的基本原则，《中华人民共和国民法典》第九条规定“民事主体从事民事活动，应当有利于节约资源、保护环境”。生态环境治理离不开每位公民的参与，享受优美生态环境是公民的权利，同时保护生态环境也是公民应尽的义务。处理权利和义务最好的办法就是运用法律的规范作用。

2015年国务院发布的《生态文明体制改革总体方案》，分别从指导思想、理念、原则、目标、实施保障等诸多方面对我国生态文明建设体制改革展开了系统论述，明确指出生态文明体制改革的基本任务是构建产权清晰、多元参与、激励约束并重、系统完整的制度体系，并从自然资源资产产权制度、完善生态文明绩效评价考核和责任追究制度等八个方面系统全面地阐述生态文明制度体系，这为科尔沁沙地生态文明建设提供了理论指导和政策引领。国内外大量严峻的生态环境问题表明，人为生态灾变是社会力量作用的结果，呈现为人类造成的生态灾变与自然生态灾变相互叠加的产物。因而，人类社会也应当具有抑制这一不利过程的能力，社会力量可以将生态资源维护的必要性变成一种可行的社会行动。[①] 科尔沁沙地生态文明制度建设，遵循山水林田湖草综合系统治理原则，围绕生态资源产权制度、资源管理和节约制度、资源有偿使用和补偿制度以及草原、森林、耕地保护制度建设而展开，严格制定绩效考核和责任追究制度，逐步完善资源空间规划制度体系、资源利用市场体系、环境治理制度体系建设，重点加强生态补偿制度体系和国土空间开发保护制度体系建设。

### 5.4.1 进一步完善生态补偿制度

“和谐”表现为人与人和解、人与自然和解，呈现了人与人的关系、人与自然关系和谐的客观规律，而实施生态补偿符合这一规律，目的是贯彻实现生态公平的生态原则。因此，在制定生态补偿标准时，要按照“资源有偿使用”原则，坚决落实“受益者或破坏者支付，保护者或受害者赔偿”；严格征收各类资源的有偿使用费，完善资源开发利用、节约和保护

---

①陈墀成，邓翠华．论生态文明建设社会目的的统一性——兼谈主体生态责任的建构［J］．哈尔滨工业大学学报（社会科学版），2012（3）：120－125.

机制。生态补偿项目生态保护参与者（受偿方）提供更多更好的生态服务，调动生态服务的受益者（支付方）参与积极性，提高踊跃投入生态保护环境改善参与者的经济收入，增加产业结构调整支付补偿。在改革和完善现有相关政策的基础上，逐步建立新的补偿制度，以国家经济发展实际状况为现实基础，将支付能力与公众现实需求相结合，实现生态补偿标准的动态调整。①

习近平总书记强调指出："良好生态环境是最公平的公共产品，是最普惠的民生福祉"。② 因地制宜因时制宜制定灵活生态补偿标准是实现良好生态环境的有效保障，为确保灵活生态补偿有效实施必须做好周密细致的计划。首先，国家层面考虑投入成本和产出效果，确定基本生态补偿标准。其次，自治区内各旗、县、市协同周边地区共同建立生态合作试验区，确立统一补偿标准。最后，应根据内蒙古自治区各盟市经济发展水平确立灵活补偿额度的标准水平。生态补偿标准应结合实际情况，要根据居民收入水平和物价水平适时适度地进行调整。特别是突发群体性事件出现之后，相关部门要及时调整补偿标准，保障农民和牧民的生活质量。

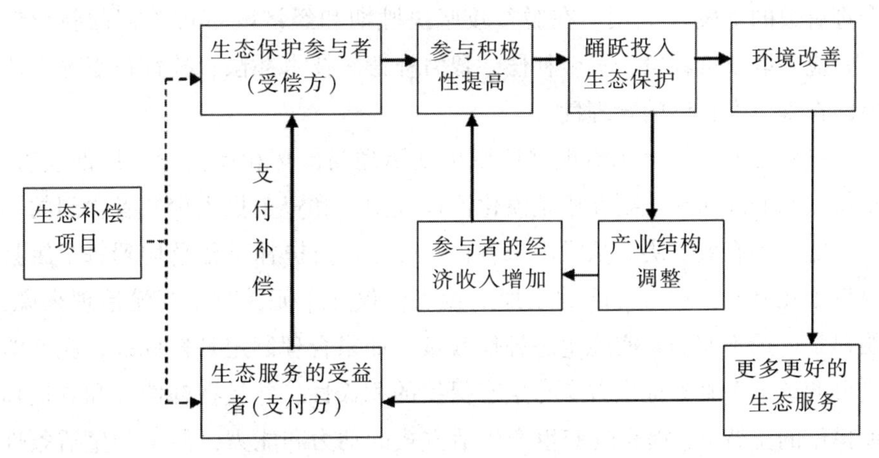


**图 5.2　生态补偿的运行机制**

借鉴国外"生态或环境服务付费（PES，Payment for Ecological/Environment Services）"的经验，我国逐步开展生态补偿实践。自 2011 年起，

---

①巩芳，常青．我国政府主导型草原生态补偿机制的构建与应用研究［M］．北京：经济科学出版社，2012：76.

②中共中央文献研究室．习近平关于社会主义生态文明建设论述摘编［M］．北京：中央文献出版社，2017：4.

我国在内蒙古等八省区实施第一轮（2011~2015）草原生态保护补奖政策，目前已经进入第二轮（2016~2020）实施阶段。从最广泛的意义上，补偿主要包括由生态环境破坏者向受害者实施赔偿，以及由生态服务系统服务受益者向提供者支付补助两个方面。但是，目前我国基本是依靠政府资金投入落实生态补偿。近年来内蒙古实施草原生态补偿，取得了一些成效，但是仍然存在一些现实问题，比如补偿金额发放标准过低、发放金额、发放种类单一等等，需要进一步完善草原生态补偿机制，科学协调草原利用、保护与管理的关系，协调草原生态功能与生产功能的关系。为此，地方政府需要加大政策宣传，确保农牧区广大农牧民清楚地了解生态奖补政策的具体要求，并且认真落实监督管理工作；采用动态优化生态补偿标准及核算方法，进一步完善草原生态补偿的政策和制度安排；实行草原生态补偿优先序，改进实施路径，提高生态补偿效率；转变草原畜牧业生产经营方式，推动生态补偿进程，扩展草原生态补偿周期，实现生态补偿机制长效化。[①] 政府职能在配套运行过程中应发挥主导作用，建立以政府补偿为主的生态补偿机制，成立专项小组深入实际调查，确保专项资金合理有效的下发及应用。在脱贫攻坚决胜期和经济改革攻关期的新形势下，应采取政策补偿、资金补偿、智力补偿、技术补偿、教育补偿等方法不断探索生态补偿的合理性。

科尔沁沙地荒漠化治理之所以出现治理与破坏相持阶段，局部改善、整体遏制的局面，主要在于荒漠化治理范围广和资金投入少二者之间的矛盾未能得到有效解决。从投入来看，“三北”防护林工程平均到每个旗县仅仅十几万元，在每公顷的土地上投入仅仅几十元，对于荒漠治理来说，明显是远远不够的。实施生态补偿政策，如果合理制定补偿标准，就能够充分调动生态服务提供者参与生态保护的积极性，并且在补偿金和其他辅助措施的支持下，提高改变生产生活方式的动力和能力，使生产生活条件和环境也得到相应改善。这样，就会进一步激发人们参与生态保护的热情，继而形成一个既具有生态效益又具有经济效益的良性循环。

---

①中国社会科学院农村发展研究所农业资源与农村环境保护创新团队著．内蒙古草原可持续发展与生态文明制度建设研究［M］．北京：中国社会科学出版社，2015：34－36.

### 5.4.2 建设国土空间开发保护制度体系

践行“绿水青山就是金山银山”的发展理念，深刻认识保护生态环境就是保护生产力，充分发挥绿水青山的生态价值，统筹山水林田湖草系统综合治理，优化国土空间布局，科学规划生态主体功能区，统筹土地利用、经济布局、基础设施网络和生态环境治理工程，划定和严守生态红线，保障和维护国家生态安全，筑牢祖国北疆生态安全屏障。

坚持“山水林田湖草”系统综合治理原则，科学规划耕地、草原、森林、沙地的使用，发挥最大生态效益。目前，科尔沁沙地发展经济、保护环境、治理生态、推进城镇化建设多方并举，要严守城镇、农业、生态空间和生态保护红线，确保永久基本农田、城镇开发边界成为规划产业发展、推进城镇化建设不可逾越的红线。为优化国土空间布局，健全生态文明制度体系，库伦旗政府在 2014 年制定土地利用总体规划，贯彻落实最严格的耕地保护制度和节约用地制度。在落实过程中，又根据新型城镇化建设过程中出现的新问题、土地利用和管理方面的新要求以及中期评估结果，于 2017 年做出修改并颁布实施《〈库伦旗土地利用总体规划（2009—2020）〉调整方案》,[①] 详细制定调整各项土地利用的指标，优先划定城镇周边永久基本农田，加大生态保护力度，构建生态安全屏障。

各级政府加强领导、强化管理，层层签订责任状，实行重点突破，专项推进。加强耕地保护，严禁荒地开发，加强草原保护，落实草场牧场有偿使用制度，对于超载过牧的行为要通过加收草原建设费的方式加以惩治和控制。同时，要建立健全生态效益补偿制度，以便有效促进“人类环境权与生存权、发展权之间冲突的协调”。[②] 国家和地方政府要研究生态税的实施方案，建立征收环境补偿制度，对过度消费加以限制。

### 5.4.3 完善环境立法，严格生态治理执法

生态文明建设要以构建和谐社会、法治社会为保障。科尔沁沙地的生态恢复的客观实际，要求做到科学立法、严格执法、公正司法、全民守

---

①库伦旗土地利用总体规划调整方案［EB/OL］. http：//www. kulun. gov. cn/klq/c100038/2018 -08/01/content_ fbd1931004aa4952af74ac9a5a97f1f2. shtml

②刘晓莉. 中国草原保护法律制度研究［M］. 北京：人民出版社，2015：201.

法。法治是治国理政的基本方式，也是生态治理水平得以提升的重要保障。习近平新时代生态法治思想具有丰富的理论内容和深刻的价值观念，为当前我国加快生态文明体制改革、建设美丽中国提供了理论指导和行动指南。[①] 全面加强法治建设、实行最严密的法治，是科尔沁沙地这类生态脆弱区建设生态文明、保护生态环境的重要措施，是具有长期稳定、普遍适用、强制约束力的对人的活动进行指引和规范作用的最好工具。这需要牢固树立依法治理生态环境的思想观念，以必要的法律法规和政策措施来强制约束和规范人的实践行为；以政府的权威来保证环境的免遭破坏；以常态化制度化的执法检查来构建约束机制。

首先，坚决维护宪法中“生态文明”的地位。十三届全国人大一次会议审议通过了宪法修正案，生态文明被写进宪法，标志着生态文明建设探索出了符合国情的中国特色法治模式和中国特色环保策略。将生态文明写入宪法，最大化地发挥了法律的预测、评价、指引、教育及强制功能。实现了以根本大法为载体，以人与自然和谐相处为发展理念，直接确保了科尔沁沙地这类生态脆弱区生态文明建设的根本方向。

其次，积极出台综合性法律。一方面，认真贯彻执行《环境保护法》、《土地管理法》、《水土保持法》、《草原法》、《野生动物保护法》、《森林法》和《防沙治沙法》等法律，并从地区发展的实际出发，制定并不断完善《生态环境保护和建设管理办法》。同时，加紧完善和修订生态环境、森林、湿地、草原、土地、矿产以及生物多样性保护等方面的法律法规，以不断适应生态文明建设的新要求。另一方面，生态脆弱地区要先行先试，出台地区性的生态文明建设综合条例，完善地方环境立法，并结合本地实际情况以及有效的乡规民约，因地制宜地确定生态环境治理活动的基本政策、原则、措施和制度，可以就生态功能区、生态社区、绿色产业、清洁生产等方面制定具体的法律制度和措施，使生态保护和建设有法可依。

早在1984年，内蒙古自治区人大就先于国家《草原法》出台了《内蒙古自治区草原管理条例》。新《草原法》修订之后，内蒙古自治区及时修订了《内蒙古自治区草原管理条例》及实施细则，制定出台了《内蒙古

---

①吕忠梅．习近平新时代中国特色社会主义生态法治思想研究［J］．江汉论坛，2018（1）：18－23.

自治区基本草牧场保护条例》、《内蒙古自治区草畜平衡暂行规定》等十项规范性文件。科尔沁沙地部分旗县制定了草原生态保护与建设发展的对策，全面贯彻落实草原“双权一制”工作，制定了《草畜平衡暂行规定》、《草原经营权流转管理办法》等生态保护制度，实施化区轮牧、禁牧休牧、退牧还草等一系列生态保护措施。2009年，内蒙古自治区政府制定了《内蒙古自治区草原野生植物采集收购管理办法》。2011年实施《内蒙古自治区基本草原保护条例》，这是全国各省区第一个保护基本草原的地方性法规，标志着内蒙古在草原立法上形成了比较完善的科学体系，为改善草原生态环境、维护好广大农牧民群众的切身利益，有效实施草原生态保护奖励机制，提供重要的法律依据和保障。①

新时代科尔沁沙地生态文明建设，需要进一步完善生态治理的法规和制度，不断提高依法治理的水平。在这一过程中必须注重将公民参与制度落到实处，应设有公众参与条款，设置公众参与的具体程序，使其具有可操作性，并做到信息透明、程序合法，使决策、执行和监督相互协调。

再次，要确立科学的生态伦理立法指导思想，健全司法机制。立法工作要从思想上彻底摒弃以经济增长为核心的理念，倡导尊重善待大自然的伦理思想，注重从人类和环境的整体利益视角思考问题，重点强调少数民族群众生态权益的维护。为消除生态环境司法保护工作的重重障碍，把一般性的生态纠纷案件交予专门处理生态纠纷的生态法庭、检察院等机构，实现生态保护司法专门化。并且，要赋予环保法庭跨地区的审判权限，增加其独立性、统一性和权威性，增强其解决跨地区环境纠纷和突破地方保护主义的能力。

法律的生命在于实施。司法功能的充分发挥和社会公众的生态环境保护意识直接关系到生态法治的良性运行。② 在做到科学立法的基础上，还要进一步贯彻落实严格执法、公正司法、全民守法的原则，加大执法力度，维护法律尊严。生态治理的具体落实在于生态执法，实践证明，如果法律规章制度得不到有效贯彻执行，必然会削弱人们的法律意识，淡化人们的法治观念。政府在执法中要坚决贯彻公正原则，实现信息公开，严格

①赵凤鸣．草原生态文明之星——兼论内蒙古生态文明发展战略［M］．北京：中国财政经济出版社，2016：127.

②吕忠梅．中国生态法治建设的路线图［J］．中国社会科学，2013（5）：17－22.

约束各执法部门的行为，避免行政干预，切实加大对环保执法部门的支持和保障力度，严肃查处公民反响强烈的、破坏生态环境严重的违法案件，切实提高执法部门的权威性。习近平指出："对于破坏生态环境的行为，不能手软，不能下不为例"，[①] 对于任何人以任何形式触犯生态治理底线的违法行为必须严厉制裁，绝不姑息。与此同时，政府必须整合执法资源，优化配置生态执法权，加强各部门之间的配合和协作，提高生态执法工作的透明度。坚持"督政"与"督企"并举、"严打非法"与"规范执法"并重，依法实施工业污染源全面达标排放计划，严厉打击生态环境违法行为，严惩违法企业及责任人。各级生态体系建设的主管部门，要实行生态保护与建设综合行政执法，切实担负起生态保护的责任，建立健全生态保护与建设机构，加强森林公安、森林草原防火、野生动植物保护等执法队伍建设，加快行政执法能力建设，依法加大对人畜毁林毁草、盗砍滥伐案件查处力度，有效保护森林、草原植被和野生动植物资源。

政府还应加强对生态环境法律法规的宣传力度，着力规范和加强执法队伍建设，不断提升执法者的法律素质、执法水平和案件处理能力，促进生态执法队伍向科技化、信息化等方向发展。

## 结　语

生态文明开启了人类文明发展的崭新阶段，在马克思主义生态文明理论视域下，科尔沁沙地的生态治理和环境保护进入了新时代。尽管自新中国成立以来，党和国家逐步重视荒漠化的治理，对科尔沁沙地开展防沙治沙试验研究，围绕草场恢复、防沙固沙、发展畜牧业、自然灾害防治以及可再生能源与清洁能源开发利用等方面进行科研攻关和生态工程建设，然而，由于土地退化、土壤沙化、干旱多风、降雨量减少、生物多样性锐减等自然因素的强烈干扰，导致本地区生态系统更加脆弱。科尔沁沙地的形成，虽然与当地特殊的自然地理环境因素有关，但更多是因为人类不合理的经济活动对原有自然生态造成了巨大破坏，特别是由于近代以来人口的急剧增加，居民迫于生存的压力向自然索取生产生活所需资料，致使植被

---

①中共中央文献研究室．习近平关于社会主义生态文明建设论述摘编［M］．北京：中央文献出版社，2017：107.

的破坏面积不断扩大，草原“三化”愈演愈烈，加速了科尔沁沙地荒漠化进程。科尔沁沙地荒漠化过程究其实质，是由于人类不合理的经济活动加剧了土地荒漠化的扩张和蔓延。

科尔沁沙地的主体通辽市，受风沙侵害最为严重，当地居民生产生活深受生态环境恶化的困扰。进入21世纪以来，依托于三北防护林、防沙治沙、退耕还林还草等国家重点生态建设项目，因地制宜建设家庭生物圈等生态建设精品工程，使科尔沁沙地生态环境建设取得重大成效，率先在全国四大沙地中成功实现了生态良性逆转，开创了治理速度大于沙化速度的良好局面。然而，当地生态脆弱现状依然不容乐观，如若稍有不慎，就会再度陷入荒漠化蔓延的窘境。因此，需要努力探寻科学有效的生态治理新路径，继续维护和巩固已经取得的可喜成果，必须抓住以信息网络、智能制造、新能源革命为核心的世界新产业革命和人类文明形态转型与中华民族伟大复兴进程历史交汇的新机遇，积极主动地改革创新，进一步推动科尔沁沙地生态环境良性逆转。

中国特色社会主义生态文明确立了建设“美丽中国”的宏伟目标，建设美丽中国是开启人民福祉的一条立足现实指向未来的绿色发展道路。马克思主义生态文明理论视域下科尔沁沙地生态治理是一项复杂而又艰巨的系统工程，需要政府、企业、社会团体、公民的共同努力，其中国家和各级政府是主导力量，企业是关键因素，社会团体和公民是重要的参与者。科尔沁沙地生态文明建设任务艰巨，必须坚持从实际出发，力求注重实效，建设美好家园，必须坚持以生态学、系统学、地理学等自然法则为前提，以尊重自然、保护自然、生态优先为基本原则，以无害化、最小风险、可持续发展等社会经济技术原则为指导，以绿色、健康、精神文化愉悦的美学原则为崇高目标。针对科尔沁沙地荒漠化的现状及综合治理任务的紧迫性，我们需要从局部试验示范转向整体控制，形成全方位、立体化建设格局。重点发挥政府在生态治理过程中的主导作用，打破经济利益至上的陈腐观念，将生态效益放在经济社会发展的首要位置，制定生态建设整体规划，转变落后的生产方式，实行最严格的制度，推进最严密法治，通过多种渠道开展国际交流、加强区域合作；企业要加大绿色科技的研发与投入，发展循环经济、绿色经济、低碳经济，提高管理人员的科技水平；通过加强教育引导培育具有生态素质的绿色公民，充分调动、发挥社会团体和广大民众保护环境关爱自然的积极性和强大动力作用，实现消费方式的绿色转型，形成低碳环保的绿色生活方式。科尔沁沙地生态治理以绿色发展为导向，努力实现茫茫沙漠再披绿装、草原生态再现勃勃生机的美丽景象，重新发挥它对草原儿女博大、自由、开放、勇武刚劲的精神塑造功能，重新焕发辽阔草原的审美价值、游乐价值、科研价值、生态价值，构筑中国北方牢固的生态安全屏障，维护地区和谐区域协调和边疆稳定，建设科尔沁美丽家园，实现中华民族永续发展。

# 参考文献


**图书类：**

1. 马克思恩格斯选集（第 1—4 卷）［M］. 北京：人民出版社，2012.
2. 马克思恩格斯全集（第 20 卷）［M］. 北京：人民出版社，1971.
3. 马克思恩格斯全集（第 23 卷）［M］. 北京：人民出版社，1972.
4. 马克思恩格斯全集（第 31 卷）［M］. 北京：人民出版社，1976.
5. 马克思恩格斯全集（第 42 卷）［M］. 北京：人民出版社，1979.
6. 马克思恩格斯全集（第 46 卷）［M］. 北京：人民出版社，1979.
7. ［德］马克思. 资本论（第 1 卷）［M］. 北京：人民出版社，2004.
8. ［德］马克思. 1844 年经济学哲学手稿［M］. 北京：人民出版社，1979.
9. ［德］马克思，恩格斯. 德意志意识形态（节选本）［M］. 北京：人民出版社，2003.
10. 毛泽东选集（第 1—4 卷）［M］. 北京：人民出版社，1991.
11. 毛泽东选集（第五卷）［M］. 北京：人民出版社，1977.
12. 建国以来毛泽东文稿（第六册）［M］. 北京：中央文献出版社，1992.
13. 毛泽东文集（第八卷）［M］. 北京：人民出版社，1999.
14. 邓小平文选第一卷［M］. 北京：人民出版社，1994.
15. 邓小平文选第二卷［M］. 北京：人民出版社，1994.
16. 邓小平文选第三卷［M］. 北京：人民出版社，1993.
17. 江泽民文选（1—3）卷［M］. 北京：人民出版社，2006.
18. 江泽民. 江泽民论有中国特色社会主义［M］. 北京：中国文献出版社，2002.
19. 胡锦涛. 高举中国特色社会主义伟大旗帜 为夺取全面建设小康社会新

胜利而奋斗［M］. 北京：人民出版社，2007.
20. 习近平 . 之江新语［M］. 杭州：浙江人民出版社，2007.
21. 习近平 . 决胜全面建成小康社会 夺取新时代中国特色社会主义伟大胜利［M］. 北京：人民出版社，2017.
22. 习近平 . 习近平谈治国理政［M］. 北京：外文出版社，2014.
23. 习近平 . 习近平谈治国理政第二卷［M］. 北京：外文出版社，2017.
24. 中共中央文献研究室，国家林业局 . 毛泽东论林业［M］. 北京：中央文献出版社，2003.
25. 中共中央宣传部 . 科学发展观学习读本［M］. 北京：学习出版社，2008.
26. 中共中央文献研究室 . 习近平关于社会主义生态文明建设论述摘编［M］. 北京：中央文献出版社，2017.
27. 中共中央宣传部 . 习近平新时代中国特色社会主义思想三十讲［M］. 北京：学习出版社，2018.
28. ［美］米切尔 · 卡逊 . 寂静的春天［M］. 吕瑞兰，李长生译 . 上海：上海译文出版社，2011.
29. ［美］施里达斯 · 拉夫尔 . 我们的家园——地球［M］. 张坤民译 . 北京：中国环境科学出版社，1993.
30. ［美］詹姆斯 · 奥康纳 . 自然的理由——生态学马克思主义研究［M］. 唐正东，臧佩洪译 . 南京：南京大学出版社，2003.
31. ［美］约翰 · 贝拉米 · 福斯特 . 生态危机与资本主义［M］. 耿建新、宋兴无译，上海：上海译文出版社，2006.
32. ［加］威廉 · 莱斯 . 自然的控制［M］. 岳长龄等译 . 重庆：重庆出版社，1993.
33. ［法］赛尔日 · 莫斯科维奇 . 还自然之魅：对生态运动的思考［M］. 庄晨燕等译 . 北京：三联书店，2005.
34. ［美］丹尼斯 · 米都斯等 . 增长的极限：罗马俱乐部关于人类困境的报告［M］. 李宝恒译 . 长春：吉林人民出版社，1997.
35. ［加］本 · 阿格尔 . 西方马克思主义概论［M］. 慎之等译 . 北京：中国人民大学出版社，1991.
36. ［美］福斯特 . 马克思的生态学：唯物主义与自然［M］. 刘仁胜译 .

北京：高等教育出版社，2006.
37. ［英］戴维·佩珀．生态社会主义：从深生态学到社会正义［M］．刘颖译．济南：山东大学出版社，2005.
38. ［美］艾伦·杜宁．多少算够——消费社会与地球的未来［M］．毕聿译．长春：吉林人民出版社，1997.
39. ［美］马尔库塞．工业社会和新左派［M］．任立编译．北京：商务印书馆，1982.
40. ［美］赫伯特·马尔库塞．单向度的人——发达工业社会意识形态研究［M］．刘继译．上海：上海译文出版社，2006.
41. ［美］卡特，戴尔．表土与人类文明［M］．庄崚，鱼姗玲译．北京：中国环境科学出版社，1987.
42. ［法］阿尔贝特·施韦泽．敬畏生命——五十年来的基本理论［M］．陈泽环译．上海：上海社会科学院出版社，2003.
43. ［美］弗·卡普拉，查·斯普雷纳克．绿色政治——全球的希望［M］．石音译．北京：东方出版社，1988.
44. ［德］霍克海默、阿道尔诺．启蒙辩证法［M］．渠敬东，曹卫东译．上海：上海人民出版社，2006.
45. ［美］丹尼尔·A. 科尔曼．生态政治：建设一个绿色社会［M］．梅俊杰译．上海：上海译文出版社，2002.
46. ［日］岩佐茂．环境的思想［M］．韩立新等译．北京：中央编译出版社．2006.
47. ［德］黑格尔．法哲学原理［M］．范扬，张企泰译．北京：商务印书馆，1961.
48. ［法］埃德加·莫兰．复杂思想：自觉的科学［M］．陈一壮译．北京：北京大学出版社，2001.
49. ［美］诺曼·迈尔斯．最终的安全：政治稳定的环境基础［M］．王正平，金辉译．上海：上海译文出版社，2001.
50. ［美］罗尔斯顿．哲学走向荒野［M］．刘耳，叶平译．长春：吉林人民出版社，2000.
51. ［美］弗洛姆．在幻想锁链的彼岸［M］．张燕译．长沙：湖南人民出版社，1986.

52. ［美］莱斯特·R. 布朗．建设一个持续发展的社会［M］．祝友三等译．北京：科学技术文献出版社，1984.
53. ［美］大卫·格里芬．后现代科学［M］．马季方译．北京：中央编译出版社，1995.
54. ［美］马尔库塞．爱欲与文明［M］．黄勇，薛民译．上海：上海译文出版社，2005.
55. ［美］卡洛琳·麦茜特．自然之死［M］．吴国盛等译．长春：吉林人民出版社，1999.
56. ［美］巴里·康芒纳．封闭的循环——自然、人和技术［M］．侯文蕙译．长春：吉林人民出版社，1997.
57. ［美］巴里·康芒纳．与地球和平共处［M］．王喜六等译．上海：上海译文出版社，2002.
58. ［美］奥尔多·利奥波德．沙乡年鉴［M］．侯文蕙译．长春：吉林人民出版社，1997.
59. ［美］弗洛姆．占有还是生存［M］．关山译．北京：三联书店，1989.
60. 展望二十一世纪——汤因比与池田大作对话录［M］．荀春生等译．北京：国际文化出版公司，1997.
61. 高清海，胡海波，贺来．人的“类生命”与“类哲学”——走向未来的当代哲学精神［M］．长春：吉林人民出版社，2006.
62. 季羡林．谈国学［M］．北京：华艺出版社，2008.
63. 曾文婷．“生态马克思主义”研究［M］．重庆：重庆出版社，2008.
64. 曹荣湘主编．生态治理［M］．北京：中央编译出版社，2015.
65. 赵建军．如何实现美丽中国梦 生态文明开启新时代（第二版）［M］．北京：知识产权出版社，2014.
66. 余谋昌．生态文明论［M］．北京：中央编译出版社，2010.
67. 王春益主编．生态文明与美丽中国梦［M］．北京：社会科学文献出版社，2014.
68. 孙道进．马克思主义环境哲学研究［M］．北京：人民出版社，2008.
69. 陈学明．生态文明论［M］．重庆：重庆出版社，2008.
70. 余谋昌．文化新世纪——生态文化的理论阐释［M］．哈尔滨：东北林业大学出版社，1996.
71. 郭家骥．生态文化与可持续发展［M］．北京：中国书籍出版社．2004.
72. 姜凤岐，曹成有，曾德惠．科尔沁沙地生态系统退化与恢复［M］．北京：中国林业出版社，2002.
73. 陈学明．永远的马克思［M］．北京：人民出版社，2006.
74. 王雨辰．生态批判与绿色乌托邦——生态学马克思主义理论研究［M］．北京：人民出版社，2009.
75. 薛晓源，李惠斌．生态文明研究前沿报告［M］．上海：华东师范大学出版社，2007.
76. 刘仁胜．生态马克思主义概论［M］．北京：中央编译出版社，2007.
77. 康瑞华等．批判 构建 启思——福斯特生态马克思主义思想研究［M］．北京：中国社会科学出版社，2011.
78. 郇庆治等．重建现代文明的根基——生态社会主义研究［M］．北京：北京大学出版社，2010.
79. 廖国强，何明，袁国友．中国少数民族生态文化研究［M］．昆明：云南人民出版社，2006.
80. 宝力高．蒙古族传统生态文化研究［M］．呼和浩特：内蒙古教育出版社，2007.
81. 敖其尔巴图等．（敖斯尔汗译）十三匹骏马［A］．蒙古族民间文学集［C］．呼和浩特：内蒙古教育出版社，1998.
82. 暴庆五．蒙古族生态经济研究［M］．沈阳：辽宁民族出版社，2008.
83. 扎格尔．草原物质文化研究［M］．呼和浩特：内蒙古教育出版社，2007.
84. 乌峰，包庆德．蒙古族生态智慧论——内蒙古草原生态恢复与重建研究［M］．沈阳：辽宁民族出版社，2009.
85. 陈寿鹏．草原文化的生态魂［M］．北京：人民出版社，2007.
86. 葛根高娃，乌云巴图．蒙古民族的生态文化［M］．呼和浩特：内蒙古教育出版社，2004.
87. 国家经贸委可再生能源发展经济激励政策研究组．中国可再生能源发展经济激励政策研究［C］．北京：中国环境科学出版社，1998.
88. 李锦等．西部生态经济建设［M］．北京：民族出版社，2001.

89. 秦大河，朱文元．中国人口资源环境与可持续发展［M］．北京：新华出版社，2002.
90. 李桂花．科技哲思——科技异化问题研究［M］．长春：吉林大学出版社，2011.
91. 魏智勇．生态文明新理念——可持续发展教育干部培训教程［M］．长沙：湖南教育出版社，2006.
92. 孙国强．循环经济的新范式：循环经济生态城市的理论与实践［M］．北京：清华大学出版社，2005.
93. 刘燕华，李秀彬．脆弱生态环境与可持续发展［M］．北京：商务出版社，2001.
94. 程进．我国少数民族生态脆弱区域空间冲突及治理机制研究［M］．北京：经济科学出版社，2015.
95. 刘晓莉．中国草原保护法律制度研究［M］．北京：人民出版社，2015.
96. 马桂英．蒙古文化中的人与自然关系研究［M］．沈阳：辽宁民族出版社，2013.
97. 蒋德明等．科尔沁沙地荒漠化过程与生态恢复［M］．北京：中国环境科学出版社，2003.
98. 赵凤鸣．草原生态文明之星——兼论内蒙古生态文明发展战略［M］．北京：中国财政经济出版社，2016.
99. 李博．生态学［M］．北京：高等教育出版社．2006.
100. 宝·胡格吉了图．蒙元文化［M］．呼和浩特：远方出版社，2003.
101. 杨庭硕，吕永锋．人类的根基：生态人类学视野中的水土资源［M］．昆明：云南大学出版社，2004.
102. 黄淑娉，龚佩华．文化人类学理论方法研究［M］．广州：广东高等教育出版社，2004.
103. 巩芳，常青．我国政府主导型草原生态补偿机制的构建与应用研究［M］．北京：经济科学出版社，2012.
104. 洪大用，马国栋等．生态现代化与文明转型［M］．北京：中国人民大学出版社，2014.
105. 杭栓柱，胡益华，朱晓俊，胡伟华等著．内蒙古“十三五”若干重大战略问题研究［M］. 呼和浩特：内蒙古大学出版社，2015.
106. 中国社会科学院农村发展研究所农业资源与农村环境保护创新团队著. 内蒙古草原可持续发展与生态文明制度建设研究［M］. 北京：中国社会科学出版社，2015.
107. Judith Shapiro Mao's War against Nature Politics and Environment in Revolutionary China [M]. Cambridge University Press,2001.
108. John Passmore. Mans' Responsibility for Nature [M]. NewYork: Scribner's, 1974.
109. John Bellamy Foster. Marx's Ecology: Materialism and Nature [M]. New York: Monthly Review Press, 2000.
110. John Bellamy Foster. Ecology Against Capitalism [M]. NewYork: Monthly Review Press, 2002.
111. David Pepper. Eco – socialism: From Deep Ecology To Social Justice [M]. London and New York: Routledge, 1993.
112. James O'Connor. Natural Causes [M]. New York: The Guilford Press, 1998.
113. Andre Gorz. Critique of Economic Reason [M]. London andNew York: Verso, 1989.
114. Andre Gorz. Capitalism, Socialism, Ecology [M]. London andNew York: Verso, 1994.
115. William Leiss. The Limits to Satisfaction: an essay on the problem of needs and commodities [M]. Kingston and Montreal: McGill – Queen's University Press, 1988.
116. William Leiss. Under Technology's Thumb [M]. Kingston and Montreal: McGill – Queen's University Press, 1988.

**期刊报刊类：**

1. 王雨辰 . 人类命运共同体与全球环境治理的中国方案［J］. 中国人民大学学报，2018（4）.
2. 王凤才 . 生态文明：生态治理与绿色发展［J］. 华中科技大学学报，2018（4）.
3. 黄承梁 . 论习近平生态文明思想对马克思主义生态文明学说的历史性贡

献 [J]. 西北师大学报，2018 (5).
4. 李国竣，陈梦曦. 习近平绿色发展理念：马克思主义生态文明观的理论创新 [J]. 学术交流，2017 (12).
5. 包庆德，蔚蓝，安昊楠. 生态哲学之维：蒙古族游牧文化的生态智慧 [J]. 内蒙古大学学报 (哲学社会科学版)，2014 (6).
6. 李桂花. 马克思、恩格斯哲学视域中的人与自然的关系 [J]. 探索，2011 (4).
7. 徐春. 以人为本与人类中心主义辨析 [J]. 北京大学学报，2004 (6).
8. 刘福森，曲红梅. "环境哲学"的五个问题 [J]. 自然辩证法研究，2003，19 (11).
9. 任暟. 差异与互补：马克思恩格斯自然观之比较 [J]. 安徽大学学报 (哲学社会科学版)，2010 (1).
10. 陈学明. 寻找构建生态文明的理论依据——评 J. B. 福斯特对马克思的生态理论的内涵及当代价值的揭示 [J]. 中国人民大学学报，2009 (5).
11. 王雨辰. 西方生态学马克思主义对历史唯物主义生态维度的建构 [J]. 马克思主义与现实，2008 (5).
12. 邓小平论林业与生态建设 [J]. 内蒙古林业，2004 (8).
13. 胡洪斌. 从毛泽东到胡锦涛：生态环境建设思想 60 年 [J]. 江西师范大学学报，2009 (6).
14. 胡锦涛. 在省部级主要领导干部提高构建社会主义和谐社会能力专题研讨班上的讲话 [N]. 人民日报，2005-02-19.
15. 李志远. 科学发展观的马克思主义实践观解读 [J]. 马克思主义与现实，2010 (5).
16. 夏光. 建立系统完整的生态文明制度体系——关于中国共产党十八届三中全会加强生态文明建设的思考 [J]. 环境与可持续发展，2014 (2).
17. 习近平在中央政治局第六次集体学习时的讲话 [N]. 人民日报，2013-05-25.
18. 段蕾，康沛竹. 走向社会主义生态文明新时代——论习近平生态文明思想的背景、内涵与意义 [J]. 科学社会主义，2016 (2).

19. 王雨辰．论德法兼备的社会主义生态治理观［J］．北京大学学报，2018（4）．
20. 曹建波．道教生态思想探微［J］．中国道教，2005（3）．
21. 方立天．佛教生态哲学与现代生态意识［J］．文史哲，2007（4）．
22. 余谋昌．生态文化是一种新文化［J］．长白学刊．2005（1）．
23. 王雨辰．论生态学马克思主义与我国的生态文明理论研究［J］．马克思主义研究，2011（3）．
24. 陈学明．"生态马克思主义"对于我们建设生态文明的启示［J］．新华文摘，2009（2）．
25. 李继峰．生态学马克思主义生态危机理论旨趣与启示［J］．社会科学家，2013（8）．
26. 吉尔格勒．游牧民族传统文化与生态环境保护［J］．内蒙古广播电视大学学报，2001（4）．
27. 铁牛，郑小贤．蒙古族名字与生态观念关系研究［J］．北京林业大学学报（社会科学版），2008（4）．
28. 郝时远．21世纪民族问题的基本走向［J］．国外社会科学，2001（1）．
29. 闵文义．民族地区构建和谐社会应加强对传统多元生态文化的利用和改造［J］．西北民族大学学报，2005（6）．
30. 廖国强，关磊．文化·生态文化·民族生态文化［J］．云南民族大学学报，2011（4）．
31. 王东昕．解构现代"原始生态智慧"神话［J］．云南民族大学学报，2010（4）．
32. 孟庆国，格·孟和．和谐是游牧生态文化的核心内容［J］．广播电视大学学报，2006（2）．
33. 常学礼，等．科尔沁沙地生态环境特征分析［J］．干旱区地理．2005（3）．
34. 董光荣．科尔沁沙地沙漠化的几个问题——以南部地区为例［J］．中国沙漠，1994（1）．
35. 王守春．10世纪末西辽河流域沙漠化的突进及其原因［J］．中国沙漠，2000（3）．
36. 张柏忠．北魏以前科尔沁沙地的变迁［J］．中国沙漠，1989（4）．

37. 庄周，赵美丽．科尔沁草原沙地治理途径的探讨［J］．内蒙古林业科技，2007（1）．

38. 王育军，姚腾飞，郭洪莲．浅析科尔沁沙地水源危机成因及消除对策［J］．内蒙古民族大学学报，2011（5）．

39. 王涛，吴薇，赵哈林，等．科尔沁地区现代荒漠化过程的驱动因素分析［J］．中国沙漠，2004，24（5）．

40. 秦艳红，康慕谊．国内外生态补偿现状及其完善措施［J］．自然资源学报，2007（4）．

41. 解振华．大力发展循环经济［J］．求是，2003（13）．

42. 张欢，王金兰，成金华，谭英夏．发达国家工业化时期资源环境政策对我国生态文明建设的启示［J］．湖北师范大学学报，2017（1）．

43. 王萍．德国的环境保护及其对我国的启示［J］．世界经济与政治论坛，2006（2）．

44. 肖笃宁，陈文波，郭福良．论生态安全的基本概念和研究内容［J］．应用生态学报，2002（3）．

45. 孟祥仲，袁春振．从“转变经济增长方式”到“转变经济发展方式”——对“转变经济发展方式”新表述的研究［J］．山东经济，2008（3）．

46. 孔翔，杨宏玲．基于生态文明建设的区域经济发展模式优化［J］．经济问题探索，2011（7）．

47. 陈墀成，邓翠华．论生态文明建设社会目的的统一性——兼谈主体生态责任的建构［J］．哈尔滨工业大学学报（社会科学版），2012（3）．

48. 刘福森．西方的“生态伦理观”与“形而上学困境”［J］．哲学研究，2017（1）．

49. 徐丽媛．生态补偿财税责任立法的国际经验论析［J］．山东社会科学，2017（3）．

50. 欧阳康．绿色GDP绩效评估论要：缘起、路径与价值［J］．华中科技大学学报，2017（6）．

51. 李杰．马克思主义人学视阈下消费的价值［J］．社会科学战线，2014（7）．

52. 余谋昌．把生态文明融入文化建设各方面和全过程［J］．桂海论丛，

2014（2）.
53. 黄鹤羽．西部生态环境建设发展战略探讨［J］．西部论丛，2002（3）.
54. 刘爱军．生态文明与我国立法体系的完善［J］．法学论坛，2007（1）.
55. 刘福森．自然中心主义生态伦理观的理论困境［J］．中国社会科学，1997（3）.
56. 徐春．生态文明与价值观转向［J］．自然辩证法研究，2004（4）.
57. 佘正荣．儒家生态伦理观及其现代出路［J］．中州学刊，2001（6）.
58. 吴宏政．论自然伦理的绝对法则［J］．自然辩证法研究，2007（11）.
59. 杜秀娟．论福斯特对马克思主义生态观的辩护［J］．东北大学学报（社会科学版），2007（4）.
60. 张术环等．生态生产力——社会和谐发展的动力［J］．河北学刊，2005（4）.
61. 王宗礼．中国草原生态保护战略思考［J］．中国草地，2005（4）.
62. 马治华等．内蒙古荒漠草原生态环境质量评价［J］．中国草地，2004（6）.
63. 何红艳，扎木苏．"绿色和谐"视野下的蒙古族生态文化［J］．黑龙江民族丛刊，2005（3）.
64. 格·孟和．论蒙古族草原生态文化观［J］．内蒙古社会科学（汉文版），1996（3）.
65. 乌云巴图．论蒙古族生态观的演变与发展［J］．内蒙古社会科学（汉文版），2000（2）.
66. 包庆德．内蒙古荒漠化现状分析与对策研究［J］．内蒙古社会科学（汉文版），2002（6）.
67. 吉日嘎拉．萨满教的观念世界及其演变［J］．内蒙古大学学报（哲学社会科学版），2001（3）.
68. 苏日娜，萨日娜．蒙古族的马崇拜及其祭祀习俗［J］．中央民族大学学报（哲学社会科学版），2008（3）.
69. 杜雯翠．民族地区环境污染的特征分析［J］．民族研究，2018（3）.
70. 王立平，王正．中国传统文化中的生态思想［J］．东北师大学报（哲学社会科学版），2011（5）.
71. 刘明远．论游牧生产方式的生产力属性［J］．内蒙古社会科学（汉文版)，2005（5）.
72. 盖志毅，包庆丰，杨志勇．草原生态系统可持续发展与国家安全［J］．北方经济，2006（5）.
73. 江泽慧．大力弘扬生态文化 携手共建生态文明——在全国政协十一届二中全会上的发言［J］．城市林业，2009（2）.
74. 阎光锋．论生态文明［J］．林业经济，2008（6）.
75. 王年风，季通．从生态学的角度考察过度消费［J］．自然辩证法研究，2002（4）.
76. 赵树丛．全面提升生态林业和民生林业发展水平为建设生态文明和美丽中国贡献力量［J］．林业经济，2013（1）.
77. 樊胜岳等．中国荒漠化治理的模式与制度创新［J］．中国社会科学，2000（6）.
78. 宝贵贞．蒙古族传统环保习俗与生态意识［J］．黑龙江民族丛刊，2002（1）.
79. 恩和．蒙古高原草原荒漠化的文化学思考［J］．内蒙古社会科学（汉文版），2005（3）.
80. 王立平，韩广富．蒙古族传统生态价值观的形成及其现实意义［J］．中央民族大学学报（哲学社会科学版），2010（5）.
81. 姚立新．马克思主义生态文明观及当代实践［J］．湖南社会科学，2017（6）.
82. 郭华．中国化马克思主义生态文明思想形成的源与流［J］．长沙理工大学学报（社会科学版），2018（6）.
83. 史云贵，孟群．县域生态治理能力：概念、要素与体系构建［J］．四川大学学报（哲学社会科学版），2018（2）.
84. 陶红茹，蔡志军．小城镇生态治理困境及其现代化转型——以长江经济带为例［J］．湖北社会科学，2018（10）.
85. 王芳，李宁．基于马克思主义群众观的生态治理公共参与研究［J］．生态经济，2018（7）.
86. 陈雪峰．习近平生态治理思想的建构逻辑及其当代价值［J］．行政管理改革．2018（9）.
87. 吕忠梅．习近平新时代中国特色社会主义生态法治思想研究［J］．江汉论坛，2018（1）.
88. 吕忠梅．中国生态法治建设的路线图［J］．中国社会科学，2013（5）.
89. 穆艳杰，郭杰．以生态文明建设为基础，努力建设美丽中国［J］．社会科学战线，2013（2）.
90. 穆艳杰．生态学马克思主义的生态危机理论分析［J］．吉林大学社会科学学报，2009（4）.
91. 周秀英，穆艳杰．生态危机的根源与解决路径分析［J］．东北师大学报，2013（1）.
92. 穆艳杰．论虚假人类中心论与真实人类中心论［J］．学术交流，2007（3）.
93. 穆艳杰．论可持续发展中的“生态环境”与“心态环境”的关系［J］．长白学刊，2003（6）.
94. 舒心心，穆艳杰．马克思博士论文中的自由思想探源［J］．社会科学战线，2014（7）.
95. 舒心心，穆艳杰．试析马克思视野下“完整的人”及其理论意义［J］．东北师大学报（哲学社会科学版），2014（5）.
96. 舒心心．蒙古族传统文化的生态智慧及其当代价值［J］．中南民族大学学报（人文社会科学版），2019（3）.
97. 舒心心，刘晓燕．福斯特生态学马克思主义理论及其启示［J］．内蒙古民族大学学报（社会科学版），2017（4）.
98. See Riley E. Dunlap and William R. Catton, Jr. “Environmental Sociology”［J］. Annual Review of Sociology 1979（5）.
99. Ted Bendon. Marxism and Natural limits：An Ecological Critique and Reconstruction［J］. New Left Review，1989（178）.
100. John Bellamy Foster. Capitalism and Ecology：The Nature of the Contradiction［J］. Monthly Review，2002，54（9）.
101. See Reiner Grundmann. The Ecological Challenge to Marxism［J］. New Left Review，1991（187）.
102. Victor Wallis. Socialism and Technology：A Sectoral Overview［J］. Capitalism Nature Socialism，2006，17（2）.

**学位论文类：**

1. 董杰．改革开放以来中国社会主义生态文明建设研究［D］．北京：中共中央党校，2018.
2. 王宽．马克思恩格斯生态文明思想及其中国化研究［D］．沈阳：东北大学，2016.
3. 王圣祯．“资本逻辑”批判与“生活逻辑”构建：岩佐茂生态马克思主义研究［D］．长春：吉林大学，2015.
4. 王立平．生态伦理视域中的草原生态文明［D］．长春：吉林大学，2012.
5. 周娟．马克思恩格斯生态文明思想研究［D］．合肥：安徽大学，2012.
6. 苏庆华．黔东南社会主义生态文明建设的理论与实践研究［D］．昆明：云南大学，2012.
7. 刘静．中国特色社会主义生态文明建设研究［D］．北京：中共中央党校，2011.
8. 马晓明．生态学马克思主义的理论图示、价值追求与现实启示［D］．长春：吉林大学，2010.
9. 张剑．中国社会主义生态文明建设研究［D］．北京：中国社会科学院，2009.

**网络资源类：**

1. 第五次全国荒漠化和沙化土地监测情况发布会要点［EB/OL］．http：//www. dzwww. com/xinwen/guoneixinwen/201512/t20151229_13590190. htm
2. 我国自然生态系统退化问题仍十分严峻［EB/OL］．http：//legal. people. com. cn/n/2012/1227/c188502－20038050. html
3. 中国八大沙漠、四大沙地概况［EB/OL］．http：//www. china. com. cn/fangtan/zhuanti/2017－09/03/content_ 41523243. htm
4. 习近平赴内蒙古调研 向全国各族人民致以新春祝福［EB/OL］. http://www. xinhuanet. com//politics/2014－01/29/c_119185638_6. htm
5. 习近平的两会时间｜在内蒙古团，习近平又强调了这个关系每个人的重要问题［EB/OL］．http：//www. xinhuanet. com/video/2019－03/07/c

_ 1210074919. htm
6. 习近平提出这“六大原则”，缘于深邃的思考和生动的实践［EB/OL］. http：//www. xinhuanet. com/politics/xxjxs/2018 – 06/20/c _ 129897153. htm
7. 上下同心再出发——习近平总书记同出席2019年全国两会人大代表、政协委员共商国是纪实［EB/OL］. http：//www. china. com. cn/lianghui/news/2019 –03/15/content_ 74573249_ 3. shtml
8. 科左后旗地震部分房屋震裂［EB/OL］. http：//inews. nmgnews. com. cn/system/2013/04/23/010961879. shtml
9. 梅花集团通辽项目再遭污染质疑［EB/OL］. http：//finance. people. com. cn/GB/9285576. html
10. 库伦旗土地利用总体规划调整方案［EB/OL］. http://www. kulun. gov. cn/klq/c100038/2018 –08/01/content_fbd1931004aa4952af74ac9a5a97f1f2. shtml
11. 内蒙古首条跨境高铁——通新高铁29日开通运营［EB/OL］. http：//www. nmg. xinhuanet. com/xwzx/2018 –12/28/c_ 1123916932. htm
12. 扶贫办发布“国家扶贫开发工作重点县名单”［EB/OL］. http://www. gov. cn/gzdt/2012 –03/19/content_2094524. htm
13. 科尔沁沙地:绿色铺就最美底色［EB/OL］. http://nm. people. com. cn/n2/2017/0906/c196691 –30700044. html
14. 在习近平到浙江调研之际再读《之江新语》［EB/OL］. https://china. huanqiu. com/article/3xeztX5xUjt.

# 附　录

## 附录一　蒙古族传统文化的生态智慧及其当代价值

**摘　要：**蒙古族传统文化中的生态智慧具有丰富的内涵，渗透在观念形态、物质形态、制度形态以及日常生活行为习惯的诸多方面。在当今我国生态文明建设过程中，加强对蒙古族生态文化的研究，挖掘其中蕴含的建设生态文明社会所需要的文化资源和生态智慧，对于保护草原生物多样性、实现生态平衡、维护地区生态安全实现人与自然和谐发展具有的重要的价值和意义。

**关键词：**生态文化；蒙古族传统文化；生态智慧；生态安全；当代价值

中国是历史悠久、民族众多的文明古国，各民族及其先民对于人与自然的关系具有独特的见解。各民族传统文化中的生态智慧内容丰富，体现在各民族生产生活的各个领域，渗透于日常风俗、生活习惯、宗教信仰、文学艺术、社会伦理道德等方方面面。我国少数民族之一的蒙古族传统文化中的生态智慧，是我国游牧文明的重要组成部分，它是以北半球蒙古高原异常严酷的自然条件为自然基础，以游牧业为经济基础，以萨满教为信仰基础，在长期的历史发展中逐步形成的，蕴涵着丰富的生态文化元素。

### 一、蒙古族传统文化中的生态观念

生态是在特定的时空中组合而成的生命系统和环境系统，反映了人与自然之间形成的特殊关系；文化是人文之化，体现了人们的生产方式、生活方式和思维方式的有机统一。据考证，生态学作为一个学科名词，首见于德国著名博物学家海克尔（E. Haeckel）的著作《普通生物形态学》（1866 年），在这本书中提出了“生态学是研究生物及环境间相互关系的科学”。[1] 1871 年英国人类学家泰勒提出的关于文化的经典定义得到了学术界的普遍认可，认为“文化是一个复杂的整体，包含知识、信仰、艺术、伦理道德、法律、风俗习惯，以及个人作为社会成员习得的任何其他能力及习性。”[2] 20 世纪末，环境问题凸显，生态危机日益严重，引发了学术界对于人类文化与生态环境关系问题的高度重视与深入研究，提出了“生态文化”概念。

围绕“生态文化”研究，学术界形成了不同的认识和理解。以著名生态哲学家余谋昌为代表的观点认为，生态文化区别于以资源破坏和环境污染为代价的传统文化，是人类走向未来的选择，是 21 世纪人类应当采取的新文化形态。[3] 另一种观点认为，生态文化是人类文化的有机组成部分，是居于生态与文化之间关系的一种文化形态，是历史发展长河中人类认识和适应生态过程所创造的一切成果。二者的共同点在于，都把生态文化理解为人类看待和处理人与自然关系而形成的意识形态、社会制度、价值取向和行为方式。二者不同点在于，前者将生态文化看作是取代传统文化的一种新文化，是 21 世纪人类迈向生态文明时代的必然选择；后者则强调了文化发展的历时态的过程，从而将生态文化理解为人类同自然密切相关的在几千年漫长历史发展过程中所创造的物质和精神财富的总和。

从生态文化视角来考察历史发展过程中形成的各少数民族文化，都具有各自尊重自然与保护环境的独特内容，都具有协调人与自然、生态与文化的关系的内容，因而形成了各具特色的民族生态文化。任何一个民族的传统文化，都是在适应和改造其生存于其中的自然生态环境过程中逐渐形成的。少数民族文化的独特性与其形成的地理环境密切相关，草原生态环境构成了以游牧文化为主导的蒙古族传统生态文化的环境基础。游牧文化是蒙古族先民适应草原生态环境的产物，是在蒙古族世世代代适应草原的生产生活实践过程中根据自己的生存、享受和发展的需要而创造并传承至今的文化形态。从生态视角审视蒙古族传统文化，既饱含着历史上积累下来的蒙古族先民日常生产生活经验，又闪耀着蒙古族人民印刻在宗教信仰之中、浸透于生活习俗之中的丰富朴素的生态智慧。

（一）天人相谐的生态宇宙观

蒙古族传统文化中蕴含着对于宇宙——遨尔其朗的生态直觉，认为遨尔其朗是由水、土、气等各种物质要素构成的混沌状态，并不断由浅变深、由小变大，通过由低级到高级、由简单到复杂的演化逐渐生成包括人在内的自然万物，形成相互依存相互联系不可分割的统一整体。

萨满教是蒙古族古老的原生态宗教，在旧石器时代的中晚期即已产生，在蒙古社会尤其是在蒙古民间有着广泛而悠久的影响。蒙古族"天父地母说"宇宙万物生成论思想，[4] 把天地视为至高无上的万物之"本源"，其中"腾格里"（天）是蒙古族宇宙观体系的轴心，是创造万物、主宰万物的天父；"额图根"（地）是乐善好施的母亲。天神创造世间万物，大地滋养自然万物，人与天地同源、同构，世上万物都是天父地母孕育而生，都是天父地母的孩子，天、地、人及万物形成统一复合结构系统。蒙古族传统的"天父地母说"宇宙观，体现了自然天地与人间父母的贴合，人与自然达到了和谐、完美的统一。

（二）万物有灵的生态价值观[5]

蒙古族古代先民在原始狩猎、采集及至游牧的生产力水平上，对自然的认识和改造能力十分微弱，因而，对自然现象产生迷惑惧怕心理，认为世间万物都有"灵魂""精灵"，自然崇拜成为社会普遍现象，形成"万物有灵"的生态价值观。萨满教赋予大自然以灵性，崇拜天宇、爱护大地、善待自然成为蒙古人心目中根深蒂固的生态道德。

蒙古族先民信奉萨满教"天父地母说"而产生"天地崇拜"，进而崇拜自然界中日月星辰、山川树木甚至走兽良禽等诸多事物。萨满教对多神的崇拜，达到了地上有多少自然现象，则天上就有多少神灵的"万物皆有灵"的价值观念，认为宇宙间充满了灵体。在诸多神灵中，蒙古人认为天就是神，崇拜"腾格里天神"。早期蒙古人划分出"九十九尊天神"，西方五十五尊善天神，东方四十四尊恶天神；进入阶级社会以后，又产生了具有最高权威的长生天——孟和腾格里。萨满教在提出天神创世说的观点后，考虑到世间万物众多生灵何处存在的问题，提出了"下有七十七阶地母"的观点。由天与地而生发宇宙万物，演化出自然界，作为天地孕育而生万物内在地具有被天神所赋予的灵性与神性，即万物有灵。

蒙古族万物有灵论的观念赋予了自然万物以功能各异的客观价值，认为自然万物皆有神性，天神、地神、山神、水神、火神、树神以及动物神、祖先神等等诸多神灵，保佑牧民们赖以生存的草原河湖丰盈、雨水充足、草木茂盛、五畜平安，自然万物因此被赋予了自为价值、工具价值和生态价值。

（三）敬畏生命的生态伦理观[6]

立足于“各种生命体都拥有内在价值”的理论基础，提倡人与自然和谐，是蒙古族生态伦理思想与现代生态伦理思想的契合之处。蒙古人崇拜自然、尊重生态、爱护环境，以此为自豪和荣耀，进而形成对于自然和生命心生敬畏的生态伦理观。“和谐是游牧生态文化的核心内容”。[7]蒙古族不仅将人看作是自然的一部分，而且以崇敬爱慕之心敬畏崇尚自然，祭天、祭地、祭万物生灵，形成了泛伦理主义情怀，铸就了蒙古人从古至今历代传承的敬畏生命的美德。在蒙古人根深蒂固的传统生态观念中，保护自然是上天赐予的神圣职责，行“善事”就是保护森林草原，保护野生动物；做“恶事”就是破坏森林草原，滥杀滥捕动物。而“善事保存生命，促进生命，使可发展的生命实现其最高的价值。恶则是毁灭生命，伤害生命，压抑生命的发展。这是必然的普遍的绝对的伦理原理。”[8]蒙古人笃定坚信这一生态道德准则：善良引进天堂，残暴带来荒凉。道德与环境直接联结并产生对应关系，这在蒙古族伦理学中十分独特。

（四）顺应自然的生态实践观[9]

萨满教的“天父地母”“万物有灵”“敬畏自然”的思想观念，内在地约束着蒙古族自觉地顺应自然来思考环境问题和采取有效行动。从天地自然与人有机统一的角度出发，蒙古人谨慎地遵守人的生产劳动的限度，明智地选择顺应自然的游牧经济实践方式，形成了同险恶的自然力相称的独具特色的身体素质和心理力量，在与自然抗争的过程中积累了丰富的生产生活经验，形成了指导游牧实践的生态理念。

蒙古族“顺应自然”的生态实践观，既超越了原始人类完全屈从于自然的生存态度，又不同于把人凌驾于自然之上的“人类中心主义”，而是由其所处的无边的穹庐和辽阔的草原生态环境所造就。游牧生产生活实践证明，人们只有积极适应、适度利用、合理改造自然，积极保护环境，“顺其自然”，就会得到大自然慷慨的回馈；当人们破坏生态平衡，掠夺自然、盲目索取、暴殄天物，就会遭受大自然无情的惩罚与报应。古代蒙古高原的自然状况迫使蒙古族自觉适应生态规律的限制与约束，以游牧生活方式实现人—畜—草三者之间物质能量变换流通，实现人与自然的协调发展。

（五）简约实用的生态消费观[10]

蒙古族长期以来形成的厉行节约、杜绝浪费、循环利用的消费理念、消费过程、消费行为，无不镌刻着简约实用的生态特质，形成了具有丰富生态内涵的衣食住行等生活习俗。[11]

蒙古袍典型地体现了蒙古人对草原环境的适应方式，它以草原“特产”为原料，以草原“需要”为设计理念，是最实用、最具生态特征的装束，宽松舒适，下垂至膝，防寒保暖，腰带宽而紧，保护内脏腰肋以减少骑簸，白天穿着可以调节体温，夜晚还可以当作被褥使用，极大地实现了适应于草原游牧生活的实际需要。蒙古靴，多为皮革毛毡制成，船型立筒，草地行走防止草打，骑马时伸蹬方便，乘马时护住小腿。

蒙古族独具特色的饮食文化，建立在游牧业基础之上，体现了草原人适应自然的生活方式，主要分为肉食、奶食和植物类食品。在寒冷季节以“乌兰尹德”（红色食品）为主，温暖季节则以“查干尹德”（纯净的白色食品）为主，饮食习惯与当今社会倡导的“循环经济”有异曲同工之妙。日常生活中的器皿结实耐用、不易破损，体现了游牧文化简约实用的特质。

蒙古包是蒙古族人民适应草原游牧、适时迁徙的生活实践中聪明才智的结晶，是蒙古游牧民族绿色家园的一种居住形式，兼具有简陋的构成和多功能用途的特点。蒙古包用手工擀制羊毛围毡和用柳条编制的“哈那”搭建而成，其余构件皆为草原特色的毛绳、皮带，制作简单、拆除方便、易于搬运、容易搭建、结实耐用，具有防风、防寒、防火、防雨的功能，凸显省料、省工、省时的特点。蒙古包可根据人口需要通过加减哈那来调整空间大小，适应季节冷暖变化通过加减围毡而加厚变薄，其上斜下圆、上窄下宽的形状设计，使得内部有效利用面积达到最大化，最大程度实现了简约实用的使用效果。

勒勒车是蒙古草原上历史悠久而又典型独特的交通工具，有“草原之舟”的美誉，其主要用途为供人乘坐或运载物资。勒勒车由榆木或桦木制成，高大结实，相对轻便，载重量大，自身重百余斤而载重能达五百公斤，适用于河滩、沼泽、坑坑洼洼的草地、雪地等各种地形，清洁而无污染，便于游牧过程中移动迁徙，成为游牧民族“移动的家”。[12]

## 二、蒙古族传统文化中的生态保护思想

基于草原生态的环境背景，蒙古族先民创造了符合草原生态自然规律的游牧文化，使得蒙古族得以代代繁衍、生生不息。蒙古族传统文化作为一种“可持续发展”的文化价值取向，体现为基于自然主导基础之上的崇尚人与自然和谐统一的生态思想和价值观，[13]其突出表现就是对草原生态环境有着一种浓厚而又深沉的关怀与保护情结，渗透在蒙古族传统文化中的宇宙观念、宗教信仰、伦理道德、价值观念、审美意识等精神文化，衣食住行生活用品以及简约实用生产工具等物质文化，以及政治经济制度、法律、典章等制度文化和人们的行为模式、生产方式、习俗风尚等行为文化之中。

（一）蒙古族传统精神文化中的生态保护思想

萨满教给蒙古族人民以宇宙观念和精神信仰，其中包含的生态观念对于蒙古草原的环境保护、和谐人与自然关系发挥了极其重要的作用。萨满教的宇宙起源论、宇宙结构论、万物有灵论历经时代发展而完善，作为意识形态的组成部分对于蒙古族的社会经济发展以及生产生活产生了重要的积极影响。蒙古族萨满教崇拜自然界中的天地万物，从而确立了人对于自然万物的道德义务，这在内容上和客观上起到了保护自然环境、维护生态平衡的重要作用，反映了人们对人与自然关系的一种朴素的哲学领悟。[14]

蒙古族文学艺术的本质特征是人与自然的和谐统一。蒙古族经常运用神话传说、寓言故事、谚语格言或名言警句，使“天人和谐”“万物有灵”思想深深铭刻于尚处孩提时期的幼小心灵中。蒙古族神话传说以萨满教“万物有灵论”为思想基础，往往把自然现象神化，例如关于日月星辰的神话以及狼图腾、熊图腾、天鹅图腾神话，反映了蒙古人对人与自然关系的认识以及万物有灵的信念。谚语“苍天就是牧民眼中的活佛，草原就是牧民心中的母亲”表达了蒙古人对天地自然无比的热爱。史诗《江格尔》描绘了蒙古族世代向往的生活世界——宝木巴理想国的生态美景；民间诗歌《十三匹骏马》中牧人赞美宇宙进而提出保护宇宙的责任。[15]因此，爱护动植物、保护大自然的思想从小就根植于蒙古族血脉之中，形成了稳固持久的思想意识和文化观念，发挥着生态文化观念塑造人的功能，保护着茵茵草原绿色浸染。

（二）蒙古族传统物质文化中的生态保护思想

蒙古族自古以来“穹庐为室兮毡为墙，肉为食兮酪为浆”，在长期的生产实践过程中探索出一种以牧民、家畜和自然三者和谐统一的特殊的“逐水草而迁徙”的生产生活方式，其最重要的特征是为生态的自我恢复提供有利条件，从而最大限度地维护自然环境的稳定和实现草原生态持续发展。在草原生态环境下，游牧文化与当代“人与自然和谐共生”的环境伦理观完全契合，既符合自然规律，又实现了民族的发展繁衍。蒙古族长期以来形成的四季轮牧、居无恒所的游牧生活，典型的特征是游动性，通过对草原生存资源的时空重组，高效利用自然，促使自然生产力得到最大程度的发挥，降低了人的劳动强度，最大限度地维护了草地生态的良性循环。[16]

蒙古族在长期游牧过程中形成了一整套与环境相适应的生活方式与技能，体现在衣、食、住、行等方方面面。蒙古族服饰文化、蒙古族饮食文化无不深深打上了适应自然、保护环境的生态特征。在游牧过程中，蒙古人作为牲畜的主人和管理者，在生产实践中积累了丰富的游牧生产技术和知识经验，在认识游牧生产规律的基础上，创造适应游牧生产和生活的独具特色的工具和方法，爱护自然环境，保护生态平衡。例如，蒙古族对牲畜的管理形成了内容丰富的畜牧业生产知识，牧人以“古列延”“阿寅勒”组织形式进行游牧。狩猎业作为蒙古人的副业，既可以补充衣食所需，又是训练军队的有效手段。但是为了使猎物资源得到合理的利用，古代蒙古族通过制定相关法律和禁忌规范狩猎行为，以避免不必要的猎杀。再如，身处自然环境之中的古代蒙古族出于生产生活需要，在长期观测基础之上形成了天文知识和历法知识，用朱尔海研究天文现象，以青草“一岁一枯荣”来计“年”，服务于畜牧业和狩猎业而形成以十二生肖动物周期纪年法和60年周期历法。《蒙鞑备录》中记载了当时的蒙古族“其俗每以草青为一岁”，“人有问其岁，则曰几草矣”。特别是蒙古族依据自然环境和自身状况积累并传承至今的蒙医药知识，形成了传统的治病救人的方法，体现了人对于自然的依赖和保护。

蒙古族在长期游牧过程中适应自然环境而创造的生产方式与生活方式，充满了人与自然和谐统一的生存智慧；而其以“实用性”为特征的物质文化创造，既为民族自身的发展谋得了机遇和空间，又实现了对自然资源的持续利用从而有效保护了自然生态。

（三）蒙古族传统制度文化中的生态保护思想

蒙古社会把生态保护作为蒙古族法制的主要内容自从习惯法时期就已经开始。据考证，习惯法中包括祖先祭祀制、决策忽里勒台制、血案复仇制、族外婚制、幼子继承制，此外还包括生态保护约孙，主要有保护马匹、保护草场、定期围猎、保护水源、防止荒火、珍惜血食、节约用水、讲究卫生等内容。[17]

古代蒙古约孙为其后汗权主导的成文法以及族规家法的制定奠定了基础，进入成文法阶段后，制定了更加详尽严苛的关于生态保护方面的法律条文，执法严厉严肃。成吉思汗主张“如果我们忠诚，上天会加保佑”（达木苏荣编，谢再善译《蒙古秘史》），推崇至诚至真的品格，铸就了蒙古族诚实刚正、直入直出、遵纪守法、服从领导的为人之道。成吉思汗建立蒙古汗国后，于1206年正式颁布蒙古历史上第一部成文法——《大扎撒》，及至北元时期的《图们汗法典》《阿勒坦汗法典》《卫拉特法典》，这些法典是蒙古地区汗权、王权统治的体现，除了从根本上维护蒙古王公贵族的统治利益，还包含了促进社会经济秩序稳定发展，保护草原森林、野生动物以及牲畜畜群、水源树木等法律思想和实现人与自然协调发展的生态保护内容。成吉思汗《大扎撒》明确规定：“禁草生而攫地；禁遗火而燎荒”，以法保护草场，禁止施放荒火和坑掘草地。《阿勒坦汗法典》共13章115条，其中包含救护牲畜、预防传染病、保护野生动物的条文。《卫拉特法典》在保护畜牧业及野生动物条文方面比前代蒙古法典更为完善，内容更加全面广泛，而且赏罚分明。

清朝时期，为加强对蒙古族的统治，1634年颁布了《蒙古律则》，后经过修订编纂再次颁布成为209条。1815年实行了《理藩院则例》（1452条），其中有许多保护森林、草原和野生动物的条款，对于维护边疆少数民族地区生态环境起到了积极作用。同时，蒙古族地方政权制定地方法规，其中包含维护所辖区域生态环境的一些条款。始于1709年止于1770年的《喀尔喀法典》，蒙古语称《喀尔喀吉如姆》，又称《喀尔喀三旗大法典》，延续蒙古族文化传统，保护森林、草原生态环境，以利于游牧业和狩猎业的发展。从《喀尔喀法典》的法律条文中可以看出，当时生态保护的法律意识相当完备，不仅在辖区设立了禁猎区、规定了禁猎日，而且规定了惩罚及赔付的限额，内容具体、利于操作、便于执行。古代蒙古族严厉的生态法制为保护广袤无垠的绿色草原提供了保障。

（四）蒙古族传统行为文化中的生态保护思想

理论指导实践，思想支配行为。萨满教影响下长期以来形成的优良的生态保护意识传统，指导着蒙古族牧人的生产实践与日常行为，逐渐形成丰富多样的生态习俗，渗透着、贯穿着环境保护的思想，体现着善待自然的生态伦理精神。

罗布桑却丹在具有蒙古风俗大全之称的《蒙古风俗鉴》中记录了蒙古草原生态系统的地域、气候、树木花草、野生动物，以及蒙古人主动选择适应草原生态条件而从事放牧、狩猎、农耕产业，形成了一系列规矩、习惯以及风俗和禁忌。蒙古族对腾格里的崇拜，形成了祭天的古俗，以后又发展成祭高山大川、河流湖泊、祭敖包、祭火等风俗。游牧民族自然崇拜源远流长、延续至今，其重要原因在于游牧业中人工畜牧系统，对于草原或森林生态系统的深深依赖，因而保护自然生态系统是生产和生活的需要，更是民族生存发展所进行的必然选择。

祭敖包源于氏族社会的圣地，最初用于祭自然神灵。敖包是草原上用石块或沙土围成的圆形的石土堆，被蒙古人视为天地山川祖先等神灵的栖息之所。敖包上面装饰着各色哈达及运气幡，周围禁止放牧、狩猎、砍树，禁止倒垃圾、大小便，形成了最为原始朴素的“自然保护区”。祭敖包仪式庄严神圣，在萨满教巫师主持下进行，男女老幼共同参与，既起到了全民生态教育的功效，又强化了生态环境在人们心目中的地位。[18]

蒙古族认为火像人一样，善良而有灵性，火是光明的化身、洁净的象征，既是家庭幸福平安的保护神，又被当作传宗接代的源泉，具有除污免灾的能力，由此规定了有关火的一系列风俗和禁忌。蒙古族祭祀独树的习俗由来已久，对于信奉和保护年久的独树，内蒙古西部称之为“萨嘎拉格尔”（枝繁叶茂的树），东部的科尔沁蒙古人称之为“尚西”，一般都独自生长在旷野或荒地，并且枝繁叶茂、广大壮观。[19]“尚西”被科尔沁蒙古人看作是天神安居之地，崇拜并加以祭祀，在其树枝上系上各色哈达及运气幡，树下摆设贡品，人们跪在树下祈求护佑。尚西作为被严格保护的珍稀树种，不许牲畜靠近食用其树皮及枝叶，不许人们采摘其果实，禁止攀爬，更不可以折断其树枝，从而使得古树及珍稀树种得到有效保护。

蒙古族的丧葬习俗也体现了生态保护的功能，利于草原恢复。蒙古族牧人重生轻葬，[20]人去世之后，以白布包裹，或野葬或火葬或土葬。野葬也称为天葬，就是用牛车将死者运到荒僻的野外，供野生动物随意食用，体现了“生前吃肉成人，身后还肉予兽”的循环再生思想。土葬是古代蒙古贵族实行的丧葬方式，据《黑鞑事略》记载：“其墓无冢，以马践蹂，使如平地”，以保持草原充满生机活力，绿染遍野。

蒙古族姓氏、起名的风俗，与其人与自然和谐统一的自然观、天父地母万物有灵的宗教观、生态善恶观、生态审美观以及爱护自然保护环境的生态伦理观具有密切联系。草原上以游牧方式生活的蒙古族将宗教信仰、自然崇拜的意识和情愫体现在姓氏名称上，以自然万物作为自己的名字，以表达对大自然的崇敬之意。例如，以天地日月星辰为名，腾格尔（苍天）、嘎吉日（大地）、娜仁（太阳）、萨仁（月亮）、朝洛蒙（启明星）；以河流山川花草树木为名，席慕蓉（黄河）、宝力高（泉水）、敖日格勒（山峰）、琪琪格（花）、那日苏（松树）；以飞禽走兽为名，布日古德（雄鹰）、阿日斯楞（狮子）；以自然现象以及与恶劣环境作斗争的英雄为名，旭日干（暴风雪）、巴特尔（英雄）；以祝愿美好家园为名，呼格吉勒图（兴旺）、阿姆隆（国泰民安）、巴音塔拉（富饶的草原）。蒙古人族名字中蕴涵了朴素自然的生态哲理，从生态文化视角体现了蒙古族长期以来注重生态保护以实现人与自然和谐相处。[21]

蒙古人在日常生活行为习惯中时时处处体现着感恩自然、敬畏自然、回报自然的观念。蒙古族沿袭至今的一个进餐前的简单举动，就是给天地万物抛撒的几粒食物，以此告诫子孙：所有食物均源于“天父地母”所赐，要保护生态，关爱自然。席间，老者们举起酒樽，用无名指轻点粮食之精华——醇香的美酒，敬天地、敬神明、敬先人，以此暗示后人：世间所有灵物均依托于上苍保佑以及大地母亲养育之恩才得以繁衍而生生不息。

在“天父地母”“万物有灵”观念指导下的蒙古族，其行为中自觉践行着爱护自然、保护环境的生态观念，使之融入日常生活之中，并且习俗化、道德化，成为大众的自觉行为，因而在蒙古族游牧地带，能够呈现出“蓝天白云、草原森林、湖泊河流，一片绿色净土”的迷人画卷。

## 三、蒙古族传统生态文化的当代价值

面对北方草原荒漠化日益严峻的生态形势，尤其是面对新型城镇化建设和全面建设小康社会构成严重威胁的草原退化、沙化、荒漠化的现状，全面深入地开展蒙古族生态文化的研究，挖掘出建设生态文明社会所需要的文化资源，使得草原生态保护行动更科学、有效地进行下去。作为古老的游牧文明传承者的蒙古族，其传统文化中蕴涵的生态化的元素正是我们今天建设美丽中国所要挖掘、借鉴的人类文化财富之一。

### （一）实现生态可持续发展的价值

可持续发展是既满足当代人的需要，又不对后代人满足其需要的能力构成危害的发展，促进人与自然之间和谐共生是其终极目标。可持续发展的基础与保障是生态系统的可持续性，生态系统的承载能力是实现可持续发展的生态底线，以确保生态系统自我更新能力得以充分施展。生态资源维护与自然环境保护，需要使各个民族传统文化中所蕴涵的生态智慧得以充分发挥，需要使历史上形成的各民族生态技能得以充分利用，并实现其生态价值的当代转换，实现与智能化的当代科技接轨，不断总结经验的基础上加以推广，实现生态资源节约利用，实现其最大生态效益。

在草原生态的自然环境背景之下，蒙古族游牧文化体现了与特殊的草原生态自然规律相符合，是蒙古族在复杂自然环境中赖以生存、发展、代代繁衍的生态智慧和文化策略，体现了发展的可持续性。蒙古族传统文化中的生态印记镌刻在其精神文化、物质文化、制度文化和行为文化的诸多方面，无论是日常的衣食住行、习俗风尚，还是宗教信仰、道德观念，以及社会政治制度、经济模式、法律典籍等都深深打上蒙古族生态文化的烙印，彰显着蒙古人族对草原生态环境的深切关怀。

### （二）维持生态平衡的价值

蒙古族生态文化是蒙古族对历史上北方游牧民族文化的继承与发展，是被历史证明了的能够代表蒙古草原独特环境与历史发展的文化。古代蒙古族牧人在长期的游牧过程中总结了大量的生产生活经验，充分认识到过度狩猎、过度放牧必然引发生态平衡遭到破坏的严重后果，因而在生产生活实践中牢牢树立保护自然生态的观念。

习近平总书记指出：“人与自然是生命共同体，人类必须尊重自然、顺应自然、保护自然。”[22]出于维护生态平衡的目的，蒙古族形成了许许多多利于动物生长、植被保护、清洁水源等特色风俗和生活习惯；也产生了具有鲜明民族文化特色的生产生活禁忌，严禁人们破坏自然，以实现人与之所处自然的和谐共生。特别是习近平总书记提出“统筹山水林田湖草系统治理”，亟须加快推进生态保护修复。历史形成的蒙古族的生态法制、生态习俗与禁忌，尽量减少对草原生态系统的干预，努力保持自然的原貌，多多借用自然力量，依靠生物群落自我修复的功能，降低人类生产生活对于草原的破坏，有效地实现了生态保护的价值。

（三）保护生物多样性的价值

对于自然界的生态系统而言，维持自然界万事万物生态平衡的基础是生物多样性；对于人类社会的持续稳定的发展而言，维持人类社会和平与发展的基础则是文化多样性。[23]人类社会的持续发展必然不能离开生物多样性的自然基础，蒙古族传统文化的生态保护思想对于保护物种的多样性提供了行动指南。

蒙古族生态文化是建立在保护自然生态环境、爱惜自然物质资源的生态伦理观念基础之上的。蒙古族悠久的历史发展过程中所形成的物质文化与精神文化，体现着以爱护万物生命保护自然环境为前提。生物多样性是人类赖以生存的物质基础，也是实现人类社会持续发展的必要保证。对自然万物加以保护、对一切生物生命的珍惜关爱深刻体现了蒙古族生态伦理观念的精神特质。千百年来，蒙古族的自然崇拜展现了人们对自然的浓烈情感，强化了人们对自然界的质朴心理，体现在蒙古族生产过程和生活行为的方方面面，提升为对于自然的敬畏与崇拜和对于万物生命的禁忌与守护等生态意识，对于保护草原上的特有植物和珍稀野生动物起到了重要的作用，进而对草原生物多样性进行了有效的保护。

（四）维护生态安全的价值

历史发展证明，各民族源远流长的文化观念中确实蕴含了较之于现代科技并不逊色的生态智慧和生态技能，适合民族地区发展的地方性知识在维护地区和谐稳定保障人类生态安全方面可以发挥极其重要的作用。[24]蒙古族游牧经济造就了朴素的生态文化观，是蒙古族先民适应恶劣的生态环境演化规律而形成的一种文化选择，[25]在历史上起到了维护北方生态安全的重要保护作用。诚然，有学者指出历史上形成的地方性生态知识仅仅适合以前那种落后的生产方式，满足较低水平的生活要求，而且适用于维持较少人口数量的生存需要，对于解决当前时代人类生存与发展中所面临的异常严峻的环境危机，它并不具有实际仿效价值难以对现实生态问题提供真正指导。[26]但是，不容忽视的现实困境与时代发展的迫切需要，促使人们反思工业文明造成的生态危机严峻后果，以继承与发展、创新为指导，吸收历史优秀的文化传统，实现与现代科学技术、绿色技术、生态技术相结合，营造出既具有鲜明民族个性，又符合新时代资源环境发展要求的生态保护观念。

综上所述。千百年来积淀形成的蒙古族生态文化，是经过历史和实践检验的适合于本民族地区特殊的地理环境和生产生活实践的文化形态。对蒙古族生态文化开展深入研究，对于蒙古族自身的生存发展，构筑北疆生态屏障，对于整个中华民族的繁荣发展具有重要意义，更是为了在人类文化宝库中保留下这一传奇般的生业方式与文化智慧，真正使其成为民族、国家乃至整个人类社会可持续发展的生态文化资源，对于实现人类社会和谐永续的发展目标意义重大。

**参考文献：**

[1] 李博. 生态学 [M]. 北京：高等教育出版社，2006：3-4.

[2] 转引自廖国强，关磊. 文化·生态文化·民族生态文化 [J]. 云南民族大学学报，2011 (4)：43-49.

[3] 余谋昌. 生态文化：21世纪人类新文化 [J]. 新视野，2003 (4)：64-67.

[4] [15] [17] [18] 暴庆五. 蒙古族生态经济研究 [M]. 沈阳：辽宁民族出版社，2008：367，392-393，410-411，429.

[5] 王立平，韩广富. 蒙古族传统生态价值观的形成及其现实意义 [J]，中央民族大学学报（哲学社会科学版），2010 (5)：72-76.

[6] 乌峰，包庆德. 蒙古族生态智慧论 [M]. 沈阳：辽宁民族出版社，2009：94.

[7] 孟庆国，格·孟和. 和谐是游牧生态文化的核心内容 [J]. 广播电视大学学报，2006 (2)：40.

[8] [法] 阿尔贝特·施韦泽. 敬畏生命——五十年来的基本理论 [M]. 陈泽环译. 上海：上海社会科学院出版社，2003：9.

[9] 马桂英. 蒙古族草原文化生态哲学论 [J]. 理论研究，2007 (4)：45-47.

[10] [16] [20] 马桂英. 蒙古文化中的人与自然关系研究 [M]. 沈阳：辽宁民族出版社，2013：81，67，99.

[11] 王立平．蒙古族传统生态文化中的生态伦理思想［J］．西北民族大学学报，2012（6）：24－28.
[12] 葛根高娃，薄音湖．蒙古族生态文化的物质层面解读［J］．内蒙古社会科学（汉文版），2002（1）：49－54.
[13] 宝力高．蒙古族传统生态文化研究［M］．呼和浩特：内蒙古教育出版社，2007：40.
[14] 乌峰．蒙古族萨满教宇宙观与草原生态［J］，中央民族大学学报（哲学社会科学版），2006（1）：75－82.
[19] 宝·胡格吉了图．蒙元文化［M］．呼和浩特：远方出版社，2003：165.
[21] 铁牛，郑小贤．蒙古族名字与生态观念关系研究［J］．北京林业大学学报（社会科学版），2008（4）：92－94.
[22] 中共中央宣传部．习近平新时代中国特色社会主义思想三十讲［M］，北京：学习出版社，2018：243.
[23] 郝时远．21世纪民族问题的基本走向［J］，国外社会科学，2001（1）：5－11.
[24] 杨庭硕，吕永锋．人类的根基：生态人类学视野中的水土资源［M］．昆明：云南大学出版社，2004：85－91.
[25] 包庆德，蔚蓝，安昊楠．生态哲学之维：蒙古族游牧文化的生态智慧［J］．内蒙古大学学报（哲学社会科学版），2014（6）：5－11.
[26] 王东昕．解构现代“原始生态智慧”神话［J］．云南民族大学学报，2010（4）：40－44.

注：此文发表在《中南民族大学学报（人文社会科学版）》2019年第3期。

# 附录二　新时代科尔沁沙地生态恢复路径探究

**摘　要**：科尔沁沙地荒漠化是生态失衡的恶劣结果，是由生态脆弱性和不合理的人类活动交织作用所导致。作为中国四大沙地之首的科尔沁沙地，面临着经济发展和环境保护的尖锐矛盾。在生态文明视域下，反思科尔沁沙地荒漠化过程，探究其成因，寻求其生态恢复的有效路径，对于构筑北方生态安全屏障、促进区域协调发展、实现美丽中国梦都具有重大现实意义。

**关键词**：生态文明；科尔沁沙地；生态恢复；路径

生态文明是人类文明发展的新阶段，代表着人类文明的前进方向。生态文明着力于推动人类文明发展的整体转型，以实现人与自然、社会与自然的和谐发展。人类社会在工业文明的推动下取得了巨大的发展和进步，但同时对人类生存的自然环境造成了极大地破坏，引发了一系列严重的生态环境问题。其中，土地荒漠化已经成为最受关注的社会、经济和环境问题，引起国际社会的高度重视。荒漠化蔓延所造成的生态环境恶化、土地生产力丧失、资源体系破坏和经济贫困化已成为21世纪人类面临的最大威胁，被称为地球的“癌症”。

草原荒漠化是生态失衡的恶劣结果，是由生态脆弱性和不合理的人类活动交织作用所导致。当前，面对经济发展和环境保护的尖锐矛盾，探寻摆脱生态困境、谋求经济社会协调发展的新路径，是时代赋予的艰巨课题。在生态文明视域下，反思科尔沁沙地荒漠化过程，阐明其危害，剖析其困境，进而探究实现其生态恢复的有效路径。在全面建成小康社会决胜阶段，对科尔沁沙地生态恢复进行研究，既能够保护环境，又能促进区域经济社会协调发展，对于构筑北方生态安全屏障，建设美丽中国具有重大现实意义。

## 一、科尔沁沙地荒漠化的危害

科尔沁沙地处于自然资源、特别是矿产资源与生物资源富饶的华北地区东部、东北地区西部，不仅对于沙地自身的牧业和松辽平原的农业，乃至中部的许多工业城市都有直接或间接的影响，而且关系到我国北部地区生态环境安全。昔日“风吹草低见牛羊”的科尔沁草原如今已经沦为距离首都北京最近的沙地，如果任其发展，荒漠化进程将会日益加快，沙化土地急速扩张，不仅成为制约该地区经济可持续发展的瓶颈，而且对当地人民的生存发起挑战，进而影响华北、东北地区生态建设和环境安全。

（一）科尔沁沙地自然环境恶化

科尔沁沙地气候条件恶劣，干旱多风是其主要特征，环境退化造成了耕地面积持续减少、森林面积大幅降低、湿地面积严重缩减。进入21世纪以来，受到全球气候变暖影响，气温持续升高，降水明显减少，河流断流，干旱灾害加剧，气候条件整体呈现恶化状况。自1998年至今，西辽河及通辽市境内6条河流、特别是中游段的西辽河已断流20年。四大水库干涸，其中闻名遐迩的奈曼旗西湖水库于2001年干涸，[1]坐落于科尔沁区曾有“亚洲第一沙漠水库”之称的莫力庙水库于2002年出现全库区干涸。由于降水减少和过度采集地下水，造成科尔沁沙地中原有的常年或季节性积水的600多个湖、泡，60%以上已经干涸，区域水面面积大幅度减少。

科尔沁沙地经过长时期的治理，生态状况虽有所改观，但是由于本地区生态类型多样，包括森林、草原、湿地、荒漠、农田以及人工生态系统等等，尤其是以草原、荒漠生态系统为主的生态脆弱区面积较大，多年来边治理、边破坏问题十分严重，总体来看“局部好转，总体恶化”的趋势并未改变，生态环境状况仍然十分脆弱。

（二）科尔沁沙地生态功能恶化

干旱少雨，植被稀疏，风大沙多，水土流失严重，自然灾害频繁，是科尔沁沙地生态环境的主要特征。土地的荒漠化导致生产潜力迅速衰退，风蚀导致土壤的肥力逐渐流失，大大降低了土地生产力水平，限制了对物质能量的转化效率和产出能力，使作物单产长期处于低产状态。玉米、大豆、荞麦等是科尔沁沙地腹地的主要作物，亩产极低，不得已只有大量使用化肥，但也难以改变产量的波动性，稍有旱象往往颗粒无收。科尔沁沙地环境退化严重影响到当地生态脆弱区的资源开发和农牧业生产，更为严重的是大大削弱了生态系统的自我保持和修复能力，导致生态功能恶化。

（三）科尔沁沙地居民生活环境恶化

土地荒漠化面积迅速增加给科尔沁沙地的人民生活和工农业生产带来了深刻的变化，生态环境急剧恶化，土地生产力严重衰退，已经严重影响到当地各族人民群众的居住和生活。[2] 由于草原不当开垦和超载过牧，破坏了地表植被和土壤，导致草原下层沙土逐渐活化，草原以每年 1.9% 的速度风蚀沙化，沙地不断侵吞草原和湖泊。在通辽市，沙地面积占土地总面积的 57%，全市有三分之二的人口生活在沙地之中。荒漠化发生和发展过程中，对当地居民生活设施的危害和损坏也十分严重，不仅导致贫困化，甚至危及人民群众的生命安全，以及子孙后代的生存与发展。作为科尔沁沙地主体所在的通辽市自 2004 年以来连续实现沙漠化、荒漠化“双缩减”，但是仍存在亟待治理的重点地带，如奈曼旗的苇莲苏沙带、库伦旗的塔民查干沙带、扎鲁特旗的白音忙哈沙带等。

（四）科尔沁沙地荒漠化影响东北、华北生态安全

科尔沁沙地处于东北经济区和环渤海经济区，南临东北重工业基地辽宁，西南临京津唐地区，沙地南缘距北京市直线距离约 320 公里。科尔沁沙地荒漠化的生态状况对华北、东北地区的生态环境具有很大的影响。多年以来持续不断的开垦已经造成了科尔沁沙地生态系统的巨大变化，草地变农田、牧业人口转为农业人口既引发了社会结构的变革，又给生态环境带来了巨大危机。如果沙漠化继续蔓延下去，一方面会加速科尔沁草原的土地退化，另一方面风沙的侵袭也将危害整个东北平原西部农业区。由于所处的特殊地理位置，科尔沁沙地蔓延的荒漠化和肆虐的沙尘暴，已经对东北和华北地区经济社会安全、生态环境安全和民族团结发展等国家安全问题产生了直接影响。因此必须从维护国家生态安全的高度来认识荒漠化防治的重要性，不断增强紧迫感、使命感和责任感。

## 二、科尔沁沙地生态恢复的现实困境

21 世纪以来，受益于国家的高度重视和政策支持，科尔沁沙地各族人民共同努力艰苦奋斗，使得该地区生态保护与建设工作取得了阶段性成果。但是，当前科尔沁沙地生态治理中仍然存在诸多的困难和问题，亟待

各级各部门共同努力，才能真正实现构筑生态安全屏障、开展生态保护与建设的预期目的。

（一）生态环境极其脆弱

科尔沁沙地位于中国北方生态环境敏感、半干旱的农业和畜牧业交错地带，沙性土壤广泛分布在平原和大部分丘陵地区，年平均风速为3.5～4.5m/s，极大风速能达到31m/s；一年四季特色鲜明，春季大风较多，气温骤升现象较为常见，夏季短促炎热，降水较为集中，秋季气温剧降，多见霜冻现象，冬季漫长严寒，寒潮频发；水资源紧缺，地下水贫乏，人均占有量低，年平均降水量少而且季节分布不均，这些是造成科尔沁沙地生态环境极为脆弱的基本因素。对外界扰动极其敏感和时空波动性强是科尔沁沙地生态环境脆弱性的主要体现。这种敏感性最为突出的表现就是极易受到外在环境因素发生改变而引起整体生态环境发生重大变化。科尔沁沙地生态系统受到自然因素的影响，具有时空波动性强的突出特点，气候、降水、温度、大风天气等等诸多因素极易产生不同的年际之间和季节之间大幅度、大规模的不规则变化，造成生态系统组成界面的不断变迁，直接呈现出生物多样性的波动，对周围关联区域产生直接影响，加剧生态问题的恶化。[3]

（二）经济中心主义发展观念重

改革开放以来很长一段时间里，经济社会发展一直奉行“以GDP论英雄”之事，走的是“先污染、后治理”的老路。“增长决定一切”的思想付诸实践，致使在发展过程中片面注重经济利益，显然偏离了生态文明建设所倡导的绿色发展、人与自然和谐的理念。时至今日，科尔沁沙地大量产能过剩、经济增长模式粗放依然存在，经济建设与生态治理的矛盾日益突出。在广大农牧区，只顾眼前利益、追求经济效益，农民盲目开垦、广种薄收，牧民超载放牧、过度放牧，造成了林地的毁坏、草场的破坏，土地沙化日趋严重，增加了草原生态保护与建设的难度。由于片面追求经济GDP的增长而无视环境的污染，科尔沁沙地在招商引资的过程中引进了严重污染的企业，其中2003年梅花味精厂的投资建设就是一个典型案例。

（三）管理不善与制度缺失

科尔沁沙地生态文明建设尚处于探索与起步阶段，仍存在许多制度上的不充分、不健全的状况，存在着管理体制上的弊端和短板，存在着一定程度上的“政府失灵”现象，表现为制度陷阱、官僚主义、寻租行为、地方保护主义、部门本位主义等。科尔沁沙地荒漠化治理的理论探索和政策措施研究较少，尤其从政府角度进行研究明显滞后，治理技术研究多，政府宏观战略角度研究较少。由于财政投入严重不足，科技支撑不力，生态治理项目的资金管理滞后，管理人员数量少能力低专业知识匮乏……制度的缺失、政策的失利，种种原因使得科尔沁沙地生态治理陷入重重困境。以赤峰市敖汉旗当地小流域治理工程为例，按照工程实施的土方量和人工机械综合价测算的投资标准至少每平方公里90万元，但是，至今国家投资依然执行2001年小流域治理每平方公里20万元的标准，投资标准过低造成投资严重不足，致使全旗仍有21万公顷水土流失严重的荒山、侵蚀沟、荒滩坡耕地得不到及时治理。[4]

(四) 环境立法体系不完善

科尔沁沙地生态文明建设法治化的道路从目前来看，存在着诸多问题和不足，主要表现在立法不健全、执法不严格、司法介入存在制度缺失等问题。

从立法来看，我国目前严重缺乏生态文明建设方面的综合性法律，专门针对边疆民族、生态脆弱地区生态文明建设方面的法律法规更是缺少，只是散见于一些环保方面的法律法规中，这显然与生态文明建设的地位不相匹配。从执法来看，科尔沁地区生态执法力量薄弱，依据《环保法》虽然环保部门有强制执法权，但是执行过程总是受到各种因素的制约，随着生态文明建设范围的扩大、程度的加深，传统形式的环保部门推进的生态环境执法体系已经难以适应当前生态文明建设实践的发展要求。从司法制度来看，存在着应对生态问题的局限性，以聚焦人身和财产纠纷为主的司法难以介入生态纠纷。

## 三、新时代科尔沁沙地生态恢复的具体路径

“哲学家们只是用不同的方式解释世界，问题在于改变世界”。[5]新时代科尔沁沙地生态恢复，是以马克思主义理论为指导思想，以习近平生态文明思想为行动指南，以实现人类与自然的生态整体优化为发展目标，超越于狭隘的自然中心主义与狂妄的人类中心主义之上的一种新型文明实践。

（一）牢固树立生态文明理念，建设美丽中国

生态文明从人类发展文明形态上是一种超越，代表的是对更美好更和谐社会的追求。生态文明理念包括：尊重人与自然的平等地位、顺应自然原生的发展规律以及遵循自然持续发展的阈值等三个方面。[6]良好美丽、生物多样、功能强大的自然生态系统是生态文明的重要标志。推进科尔沁沙地生态恢复首先要牢固树立生态文明理念，实现新的哲学启蒙。

第一，实现哲学世界观转变，确立一种有机整体论世界观。生态文明从整体出发看待人与自然的关系。马克思指出，人是自然界进化的产物，作为生命体，必须从自然界获取生命体所需的物质能量，维系人类生存的物质资料均直接或间接地来源于自然界，因而自然界就成为人类生存和发展的自然物质基础。习近平继承了马克思主义生态思想，提出“人与自然是生命共同体”的观点，凸显了人与自然是相互依存、相互联系的整体。

第二，实现价值观转变，确立有机整体主义价值观。生态文明所秉持的生态伦理，着力构建人与自然和谐共生的新型社会发展模式，超越人类中心主义与自然中心主义二者之间的两极对立，摆脱存在于生态伦理学研究过程中的“形而上学困境”，最终实现人与自然的和谐。[7]

第三，实现思维方式转变，确立生态化思维方式。人类要想摆脱生态危机，必须变革思维方式，确立正确看待和处理人与自然关系的辩证思维方式，这就是马克思的从现实的人及其实践活动出发解释问题的思维方式。马克思主义自然观的特质体现在人与自然在实践基础上的辩证统一。习近平多次援引恩格斯在《自然辩证法》中发出的警告：“我们不要过分陶醉于我们人类对自然界的胜利，对于每一次这样的胜利，自然界都对我们进行报复。”[8]科尔沁沙地荒漠化进程也印证了自然界对于人类不合理的活动展开的无情报复。因此，科尔沁沙地生态恢复必须遵循人与自然和谐相处的生态化思维方式。

（二）加强生态文明制度建设，推动人与自然和谐发展

治沙止漠刻不容缓，绿色屏障势在必建。新时代科尔沁沙地生态文明建设必须严格落实党的十九大精神，以建设美丽中国为目标，全面深化生态文明体制改革，着力加强生态文明制度建设，推动形成人与自然和谐发展的现代化建设新格局。

第一，树立环保政绩观，科学制定绿色 GDP 的绩效考核评价体系。早

在十多年前，担任浙江省委书记的习近平同志既已指出：进入新的发展阶段，“要按照统筹人与自然和谐发展的要求，做好人口、资源、环境工作。为此，我们既要 GDP，也要绿色 GDP。”[9]政府首先要从思想观念上把生态文明建设作为落实以人民为中心思想的一项重要任务，树立起科学的发展观、文明观、生态观和政绩观，坚持生态建设与生态保护并重。采用“绿色 GDP”评价考核的首要价值在于对科尔沁沙地绿色发展给予精准指引，同时为考核地方干部政绩提供政策建议，为政府制定重大决策提供理论参照。[10]

第二，进一步完善制度建设，提高草原生态恢复的政策支持。在实践中强化政府的能源及减排和任期绿化等工作责任制，建立一系列的政策体系，提高生态行政能力，综合运用经济、技术、法律等多种方式以及必要的行政办法解决发展中的生态问题。在科尔沁沙地生态恢复过程中，应坚持保护优先原则，加强耕地保护，严禁荒地开发，加强草原保护，落实草场牧场有偿使用制度，严格实行草畜平衡以及禁牧轮牧休牧制度，强化草原承包经营管理。在动态调整基础之上建立健全生态效益补偿制度，以便有效促进“人类环境权与生存权、发展权之间冲突的协调”。[11]

第三，开展国际交流，加强区域合作。人类作为命运共同体而存在，保护生态环境是世界各国政府面临的现实挑战和共同责任。科尔沁沙地生态文明建设是一项非常紧迫的战略任务，对于深化中国干旱、半干旱区响应全球变化的研究具有重要意义，对于推动荒漠化防治、实现生态保护与恢复、开展应对全球环境与气候变化方面的国际国内合作必将产生深远影响。

（三）加强环境立法，逐步健全法律体系

习近平总书记明确指出制定实行最严格的生态环境保护制度是新时代生态文明建设的可靠保障。为实现美丽中国的建设目标，要像对待生命一样对待生态环境，构建制度化法制化的环境治理体系，实行最严格的生态环境保护制度和最严密的法制，切实保障生态文明建设的顺利实施。[12]生态文明建设要以构建和谐社会、法治社会为保障。当前科尔沁沙地生态恢复的客观实际，要求做到科学立法、严格执法、公正司法、全民守法。

坚决维护宪法中“生态文明”的地位，积极出台综合性法律。十三届全国人大一次会议审议通过了宪法修正案，生态文明被写进宪法，标志着生态文明建设探索出了符合国情的中国特色法治模式和中国特色环保策略。实现以根本大法为载体，以人与自然和谐相处为发展理念，直接确保了科尔沁沙地这类生态脆弱区生态文明建设的根本方向。生态脆弱地区要先行先试，完善地方环境立法，出台地区性的生态文明建设综合条例，因地制宜地确定生态环境治理活动的基本政策、原则、措施和制度，使生态保护和建设有法可依。

第二，要确立科学的生态伦理立法指导思想，健全司法机制。立法工作要从思想上彻底摒弃以经济增长为核心的理念，倡导尊重善待大自然的伦理思想，注重从人类和环境的整体利益思考问题，重点强调少数民族群众生态权益的维护，严守生态红线。为消除生态环境司法保护工作的重重障碍，可以把一般性的生态纠纷案件交予专门处理生态纠纷的生态法庭、检察院等机构，实现生态保护司法专门化。

第三，在做到科学立法的基础上，还要进一步贯彻落实严格执法、公正司法、全民守法的原则。政府在执法中要坚决贯彻公正原则，实现信息公开，严格约束各执法部门的行为，切实加大对环保执法部门的支持和保障力度，严肃查处公民反响强烈、破坏生态环境严重的违法案件，切实提高执法部门的权威性。与此同时，政府必须整合执法资源，加强各部门之间的配合和协作，提高生态执法工作的透明度。

（四）转变经济发展方式和生产经营方式，实现绿色发展

习近平总书记指出绿色发展的要义是要解决好人与自然和谐共生问题。经济发展是基础，人的发展是目的，社会和谐是载体。科尔沁沙地生态文明建设在坚持以经济建设为中心的同时，也应当追求社会公平、政治民主和民生改善，时刻记住发展是“硬道理”，环保是“硬要求”，开创一条既能够发展经济改善生活又能够节约资源保护环境的双赢之路。

第一，转变经济发展方式，着力构建绿色低碳循环的发展模式。科尔沁沙地作为中国目前最大的沙地，特别是作为一个多民族杂居的农牧交错地带，经济发展和环境保护的矛盾尤为突出。科尔沁沙地生态恢复要注重人类变革自然之实践的整体综合效应，实现经济、社会和生态环境三者效益的有机结合，按照可持续发展的要求，坚持节约和保护优先、自然恢复优先的原则，大力推进绿色、低碳和循环的经济产业发展模式。

第二，转变生产经营方式，发展绿色产业。科尔沁沙地生态恢复要树

立正确的发展思路，从农牧区产业结构的调整出发，聚焦高产高效和优质低耗的关键点，因地制宜地选择发展产业，充分挖掘农牧业内在的发展潜力，切实提高沙土性质的土地在投入和产出上的比率，对尚未充分利用的自然资源进行科技开发，确保能够科学合理的使用。同时，在现有农牧业生产要素的基础上进行优化组合，积极拓展生产领域，有效培植新的生产力，进而促进生态系统的良性循环。

第三，依靠科技创新推动科尔沁沙地工业化发展水平。实现人与自然的和谐，科技必须“绿化”。实施创新驱动实现科尔沁沙地生态恢复，重点支持先进轨道交通装备、节能与新能源汽车、电力装备、农业装备、新材料、生物医药等产业，实现高端制造与绿色发展相结合，推动建立起绿色低碳循环发展产业体系。2018 年 12 月 29 日内蒙古首条高铁——“通新高铁”已经开通运营，[13]标志着内蒙古第一条纳入国家高铁规划“八横八纵”铁路网正式建成，这对于东北亚经济圈、环渤海经济圈以及京津冀一体化经济发展具有重要意义。

(五) 引领健康生活方式，倡导绿色消费

生态文明建设着眼于未来，未来是社会公众创造的，公众必须自觉参与并肩负起自身的社会责任。科尔沁沙地生态恢复以实现人与自然和谐为目标，需要做好全社会各族民众的生态意识普及工作，培育合格的生态公民，推动实现生活方式和消费方式的绿色转型。

第一，重视文化教育，提高公民生态素质。习近平总书记指出：“保护生态环境就是保护生产力，改善生态环境就是发展生产力”。[14]人作为生态生产力中最为关键的要素，是关系到生态文明建设成败的决定性力量。生态文明建设最终目标聚焦的是人的生存和发展、实现人与自然和谐相处，首先要在自我反省的基础之上实现人的“自我革命”，增强人的“自我意识”，从而实现“生态自觉”。科尔沁沙地生态恢复依赖于生态公民的积极参与，为培育合格的生态公民，要做好宣传教育和知识普及工作，抓好制度化、系统化、大众化的生态文明教育体系建设，通过文化规约和制度安排，激发人们的生态环境保护意识，自觉担当并普遍践行保护生态环境的责任。

第二，推动形成绿色生活方式，实现消费方式的绿色转型。马克思主义创始人马克思和恩格斯的生态哲学中包含有适度消费和绿色消费的思想，提出了避免过度奢侈消费的主张，强调因消费造成的对环境的压力不能超过自然生态环境的吸收能力、补偿能力、再生能力和修复能力。绿色消费是一种以实现人与自然和谐为目标的新型消费文化，具有比过度消费的生活更丰富和更高级的生活结构，属于新的生活方式。科尔沁沙地生态恢复的目标是实现生态与经济、自然与社会的和谐发展，为此必须改革和引领人们的消费观，大力倡导适度消费、绿色消费、深度消费、自主消费和文明的精神性消费。[15]科尔沁草原荒漠化进程的加剧使我们充分认识到：人类赖以生存的自然界绝不是一个可以无限挖掘的资源库。实现科尔沁沙地的生态治理和草原生态系统的恢复，必须确立绿色消费、倡导简朴生活[16]，树立低碳的思维方式和行为观念、倡导低碳人生观。

**参考文献：**

[1] 赵学勇等．科尔沁沙地荒漠化土地恢复面临的挑战［J］．应用生态学报，2009. 20（7）：1559－1564.

[2] 李建华．科尔沁沙地生态系统退化特征及原因［J］．辽宁林业科技，2008（1）：46－48.

[3] 程进著．我国少数民族生态脆弱区域空间冲突及治理机制研究［M］．北京：经济科学出版社，2015：54－55.

[4] 赵凤鸣．草原生态文明之星［M］．北京：中国财政经济出版社，2016：230.

[5] 马克思．关于费尔巴哈的提纲［M］//马克思恩格斯选集（第1卷）．北京：人民出版社，2012：136.

[6] 赵建军．如何实现美丽中国梦 生态文明开启新时代（第二版）［M］．北京：知识产权出版社，2014：62－66.

[7] 刘福森．西方的“生态伦理观”与“形而上学困境”［J］．哲学研究，2017（1）：101－107.

[8] 恩格斯．自然辩证法［M］//马克思恩格斯选集（第3卷）．北京：人民出版社，2012：998.

[9] 习近平．之江新语［M］．杭州：浙江人民出版社，2007：37.

[10] 欧阳康．绿色GDP绩效评估论要：缘起、路径与价值［J］．华中科技大学学报，2017（6）：1－5.

[11] 刘晓莉．中国草原保护法律制度研究［M］．北京：人民出版社，2015：201.

[12] 中共中央宣传部．习近平新时代中国特色社会主义思想三十讲［M］．北京：学习出版社，2018：242－251.

[13] 内蒙古首条跨境高铁——通新高铁 29 日开通运营 [EB/OL]. http://www.nmg.xinhuanet.com/xwzx/2018-12/28/c_1123916932.htm

[14] 中共中央文献研究室编. 习近平关于社会主义生态文明建设论述摘编 [M]. 北京：中央文献出版社，2017：23.

[15] 李杰. 马克思主义人学视阈下消费的价值 [J]. 社会科学战线，2014 (7)：12-16.

[16] 参见余谋昌. 生态文明论 [M]. 北京：中央编译出版社，2010：71.

注：此文发表在《北方民族大学学报(哲学社会科学版)》2019 年第 4 期。

# 后　记

为什么我的眼里常含泪水？因为我对这片土地爱得深沉！作为一名来自科尔沁的学者，对家乡的生态环境常常心怀忧思，如何使得曾经美丽的科尔沁大草原再现天蓝、草绿、水静、风轻的迷人画卷，成为我努力奋斗的宏伟目标，也激发了我刻苦钻研的学术热情。我选择马克思主义生态文明视域下沙地生态治理研究为题进行写作，就是为了探寻科尔沁沙地生态文明建设的理论依据，为沙地生态治理提供实践路径，为建设科尔沁美丽家园这一重大现实问题略尽绵薄之力。

这部书稿是在我的博士论文基础上修改完成的，对于母校吉林大学有太多太多的眷恋与不舍，回首往事，曾经的求学之路上每一个令人感动的瞬间都历历在目，心中更是充满了无限的感恩之情！

衷心感谢我的恩师穆艳杰教授。能够进入吉林大学继续深造，成为先生的弟子是我莫大的荣幸。恩师以其渊博的知识、深厚的学养引领我在知识的殿堂里遨游，开启了学术探索的一段新历程。恩师以其言传身教印证着“做人与治学，其道一也”的修身治学之理，对待工作踏实勤勉，待人处事宽厚温和，恩师严谨的治学态度、刻苦的求索精神深深地感染着我，使我深切感悟到做人要知足、做事要知不足、做学问要不知足的为人处世之道。在我漫漫求学之路上每一个关键之处都离不开恩师的悉心指导，特别是在论文写作过程中，从选题的确定、框架的设计、结构的调整、观点的斟酌，无不凝聚着恩师的心血和智慧；在我困惑和彷徨之时，恩师的鼓励和支持给予我迎难而上的勇气和力量。师恩浩荡，铭记于心！衷心感谢我的师母周秀英女士，感谢您在生活中给予我的关爱与呵护，感谢您在学业上给予我的理解与支持。

衷心感谢吉林大学马克思主义学院吴宏政教授、李桂花教授、王淑荣教授、钱智勇教授、贾中海教授、娄淑华教授。在论文写作过程中，得到了各位导师的指点与帮助，使得论文观点进一步完善、结构更趋于合理，预答辩过程中导师们提出了宝贵的修改意见与建议，为我指点迷津答疑解惑，帮助我理清思路顺利完成毕业论文的写作。在此向各位导师表达诚挚的谢意！还要感谢为本文研究提供重要参考资料的国内外学者，引用、借鉴各位学者的思想观点为论文写作提供了有力支撑。

衷心感谢答辩委员会主席清华大学艾四林教授，以及东北师范大学魏书胜教授，吉林大学李桂花教授、吴宏政教授、钱智勇教授、王淑荣教授。在论文答辩过程中老师们提出了诸多有益的思想见解，为我进一步完善论文给予了细致指导与无私帮助。

真诚感谢吉林大学马克思主义学院院长吴宏政教授及学院全体教师，是你们的传道授业解惑铸就了我的求学之路，特别感谢王丽欣老师在学习过程中给予的帮助。真诚感谢内蒙古民族大学马克思主义学院张一夫书记及同事们多年来的帮助与支持。感谢我的博士同窗好友，感谢师门的兄弟姐妹，是你们给了我学业上的鼓励、生活上的帮助，让我感受到亲人般的温暖。

衷心感谢我的家人。感谢我的爱人孙林，在繁忙的工作之余支持鼓励我完成学业。感谢我的女儿孙弘烨，理解并支持我成就梦想，在求学过程中我们共同成长。感谢我的父母，作为已至耄耋之年的双亲，仍然是我奋进之路上的坚强后盾。

衷心感谢内蒙古民族大学为本书的写作和出版提供了资助（课题项目编号：BS547），以及马克思主义学院部校共建经费资助。衷心感谢工作之中帮助和支持我的良师益友、挚爱亲朋，今后我将不忘初心、砥砺前行，以更加饱满的热情投身于祖国的教育事业，磨砺意志、增长才干、提升能力、完善自我，做一个对国家、对社会有用的人。

由于“沙地生态治理”是一项非常艰难的综合性复杂系统工程，经过政府和当地人民多年的不懈努力，以科尔沁沙地为代表的草原生态恢复取得了一定的成效，然而沙地治理仍然需要进一步深入探究。由于本人水平所限，书中难免存在不当及错误之处，敬请各位专家学者业界同人不吝赐教。

舒心心

2020 年 5 月 6 日于科尔沁